徳大寺有恒の クルマ運転術

アップデート版

草思社

本書は徳大寺有恒著
『決定版　徳大寺有恒のクルマ運転術』
（２００５年／草思社刊）に、
編集部が最新のクルマ事情をふまえて
修正を加えたアップデート版です。

はじめに

自動車は多くのことが自動化されてきた。オートマチックトランスミッションにはじまって、ブレーキを細かく制御するABS、ドライブのルートを自動的に選んでくれるカーナビなど、さまざまな種類の自動化が進んではいる。しかし、運転そのものの自動化はまだである。

自動運転に関する開発競争は世界中で行われており、ドイツやアメリカ、日本が進んでいるようだ。これらの国では産業界でも大学でも、そして軍でも、さまざまなところで研究がなされている。とくに日本の日産、ホンダ、トヨタの3社の研究はかなり進んでいるようだ。

実際、日産のシーマには「レーンキープアシストシステム」が搭載されている。これは、高速道路において、レーダーで先行車との距離を測り、カメラで白線を認識、これらの情報を利用してクルマが自らステアリングやアクセル、ブレーキの操作をおこなうシステムである。安全のため手放し運転はできないようになっているが、自動的にクルマ自身が判断してステアリングが動く。初めて見たときは心底驚かされたものだ。その後、同様のシステムはホンダやトヨタのクルマにも載るようになってきた。しかし、どれも本格的な自動運転と呼べるものではない。

もし自動運転が実現し普及すれば、事故は劇的に減るだろう。航空機も自動化が進むにつれ、事故は劇的に減少した。現在進んでいるクルマの機能を自動化する動きは、単に便利になるということ以上に、クルマを安全なものにしようということが大きな動機となっている。

また、逆にさまざまな問題も発生し、自動車に関する制度も変わらざるを得なくなるだろう。

たとえば、自動運転中に起きた交通事故の責任は自動車メーカーにあるということになるかもしれない。さらに、この技術を詰めていくと、最終的には運転免許証も必要なくなる。自動車というものの定義も変わってくる。そうなると、本書も必要なくなるのだろうが、しかし、それにはまだまだ時間がかかりそうである。

いまのところ自動車は人間の判断、行為によってコントロールするしかない段階だ。さまざまなハイテクデバイスがついているとはいえ、自動車は感情、思惑、錯誤等々、人間ならではの不確かさによって走り、曲がり、止まりをくりかえす。自動車はおそろしく進歩したが、いまだに危険で不完全な乗り物なのである。

そこで本書には、その自動車をより効率的かつ安全に楽しむ利用法を書いたつもりである。より多くの人に知ってもらいたいのは、思慮深くドライブすれば、危険は大いに軽減し、さらに運転がそのものが楽しくなるということである。それはいわゆる「ドラテク」とは関係がない。巧みにステイアリングを操作してハイスピードコーナリングするとか、シフトダウンのさいヒールアンドトゥがすばやく踏めるなどといったこととは、違う次元の話だ。

むろん安全かつスムーズに走るには、基本的なドライビングテクニックを知っておいたほうが有利であるのは確かだし、いざというときにそれがモノをいうことも多々ある。しかし、ここで私が強調したいのは、そんなことよりも、「考えるドライブ」を実践して欲しいということだ。考えるドライブとは、刻々と変化する状況を認識しながら、そのつどすばやく的確な判断を下し、かつ対処していくことである。運転のうまい、下手は、この「考える」ことにかかっている。もし、あなたが自分の運転が下手だと思うなら、それは考えてドライブしていないからだ。

狭いところでのすれちがいや車庫入れが苦手というのは、ちょっとしたことを考えようとしないまま、漫然とおなじことをくりかえしているからだ。山道をスムーズに速く走れないのは、どうしたらスムーズに走れるか、考えて実践していないからだ。混んだ商店街を抜けるのが怖いのは、どうしたら歩行者や自転車の飛び出しを察知し、避けられるかを考えていないからである。

運転がうまいとは、ただ速く走れるということを意味しているのではない。いまの自動車は飛躍的に性能が向上しているから、誰だってアクセルさえ踏み込めば、あっというまに２００㎞／ｈオーバーの世界に突入できる。そんなことは自慢にもなんにもなりはしない。

大事なのは、事故を起こさず、巻き込まれず、スムーズに楽しいドライブをおこなうことだ。そうした知的なドライバーこそ、うまいドライバーなのだ。そしてアタマを働かしさえすれば、誰だってうまいドライバーになれるのである。

完全自動化が完成したあかつきには、もはや免許証など不要となろう。しかし、いまのように自動車がまだ人間の判断で動いている以上、ドライバーは考えながら運転しなければならない。そして、そのことはドライバーにとってなかなか楽しいことなのである。

二〇〇五年九月　著者

CONTENTS

第3章

これが運転の基本だ

第4章

一般道はこう走れ

第5章

駐車をラクにする知恵とテクニック

第6章

高速道路はもっとも安全な道である

第7章

山道はこうやって走る

第8章

長距離ドライブのススメ

第9章

クルマのメンテナンスとトラブル対策

第10章

どんなクルマにどう乗るべきか

本文デザイン　Malpu Design（渡邉雄哉）

第1章

コミュニケーションしつつ安全に走る

他車とのコミュニケーション1

まわりのクルマの性格まで読みつつ運転する

クルマを運転しているとき、10秒後に起きることや、見えないところに何がいるのかといったことがわかるのであれば、事故は起きないだろう。自転車が飛び出してくることや、突然右折をはじめる対向車があらかじめわかれば、それを避けることができるからだ。それは相手とて同じこと、自転車もこちらのクルマが見えていれば飛び出してこないだろうし、突然右折をはじめるクルマはこちらの存在やスピードを認識していないから、そういう行動に出る。

あらかじめ相手の存在を認識し、その意思を察し、こちらのことも相手に明確に伝える。つまりはコミュニケーションである。クルマ自体も道路もよくなってきた現代においては、いわゆる「ドラテク」などより、コミュニケーションの能力のほうが、ずっと大事なのではないだろうか。運転におけるコミュニケーションの能力が高いドライバーは、危険な目にあわないし、何より親切で気が利いて見えるだろう。また、他のドライバーをイライラさせることがないし、同乗者やまわりからもスマートでかっこよく見えると思う。

コミュニケーションをうまくとっていくためには、相手が発するメッセージを読みとらなければならない。クルマというモノは、走り方にドライバーの意思が表れるものだ。クルマの運転に慣れてくると、先を走るクルマ、後ろを走るクルマが次にどんな行動をとるか、手に取るようにわかるようになってくる。右折したがっているクルマは、ウインカーを点灯していなくても、心

他車の意思を読みとる

持ち右に寄っているものだし、左折も同様だ。混雑した交通のなかをスムーズに走るにはこの判断ができるかどうかが大きくものをいう。周囲のクルマが何をしようとしているかがわかれば、未然にトラブルを避けられるのである。

さらにいえば、相手の性格を読むことが重要な場面も少なくない。いまや日本の社会人のほとんどがクルマを運転している。乱暴者も、無神経な人も、道路に出ているのだ。

高速道路で追い越し車線走行中、ルームミラーに後ろからあおってくる高級外国車が映っている。ドライバーの顔を見ると、まだ若いあんちゃんである。こんなとき、私はさっさと道を譲る。まあ、こういう人種とことをかまえていいことなど、何一つないからだ。前を走るクルマのリアウインドウから、ドライバーが携帯電話で話しているのが見える。こういうクルマはさっさと追い抜くか、やりすごしてしまったほうがいい。いつ急ブレーキを踏むか、いきなり車線変更してくるかわからない。

道路はひとつの社会だから、他人との関わり合いは避けられないが、好んで面倒な相手に近づくことはないのだ。

自分の存在、自分の行動をまわりに見てもらう

相手の意思や状態を読みとるのも大事だが、自らをアピールするのも大切だ。まずは、自分がそこにいることを周囲に知らせることである。交差点での出合い頭の事故や、住宅地の道路での歩行者の飛び出しは、ドライバーの不注意もあるが、相手に自分のクルマの存在を気づかせなかったがために起きたともいえる。そこにクルマがいるのを承知の上でぶつかっていくドライバーや、歩行者はいないからだ。事故の危険を軽減するには、目立つことである。「ここに危ないモノがありますよ」と自分の存在を積極的にアピールするのだ。

夕方になると、おおかたのクルマはスモールランプを点灯して走るが、私はさっさとヘッドランプを点灯する。見るためではない、自分の存在をアピールするためだ。対向車のドライバーの視線に、あるいは前を走るクルマのルームミラーに、自分のクルマのランプの光を映してやれば、少なくとも他のクルマがいるということを知ってもらえる。それだけで危険は少し減る。見通しの悪い山道で「警笛鳴らせ」の標識のあるところでは、かならずクラクションを鳴らす。それだけでなく、昼間でもランプを点ける。カーブミラーにランプの光が映れば、対向車がこちらに気づきやすくなるからだ。

雨の降る日でも同様だ。私は雨が降ると、昼間でもかならずヘッドランプを点灯するようにしている。視界の悪いなかで、少しでもこちらに気づかせるためである。ときどき「点きっぱなし

こちらの存在を相手にアピールする

だよ」と、パッシングランプの合図をしてくれる親切なドライバーもいるが、わが意を得たりである。こちらに気づいてくれたのだから。

もう一つ重要なのは、自分が何をしようとしているのか、その意思をまわりに見せつけ、アピールすること。そのさい、相手に対処する時間的余裕を与えることである。車線変更するさいも、ウインカーは余裕を持って早めに出す。交差点で右折するときは、たとえ信号が変わってしまいそうであっても、ゆっくりと自分の存在を周囲に見せつけながら右折する。そうすれば対向車も、交差点を渡る歩行者も、あなたが右折することを誤解しようもなく理解するから、決してぶつかってくることはない。

とにもかくにも、まずは、こちらの存在を相手に知らせること。そして、こちらを認知した相手に、判断する時間的余裕を与えつつ行動することである。「あ、ここで曲がらなければ」と思いつき、ウインカー点灯と同時に、いきなり右左折などというのは最悪だ。相手がこちらの存在を知った瞬間にドシンというのでは、目も当てられない。

他車とのコミュニケーション3

相手を不快にさせる合図は慎むべきだ

周囲への合図は、まわりのクルマに見られているのだから、スマートにやりたいものだ。クラクションひとつとっても、その使い方にドライバーの人柄が表れる。ヒステリックに自分の権利だけを主張するようなサインの出し方は、ガラの悪さ、精神の貧しさを世間の皆様にさらけだしているようなものである。クルマはあくまでもエレガントにかっこよく乗りたい。

いくつか、他車への意思表示の方法をみていこう。たとえば、ハザードランプ。こいつはいろいろな使われ方をしている。短時間の路上駐車や、タクシーが客を乗せるときなど停車のサインとして使われている。また、合流や車線変更で、入れてくれてありがとうのサインとしても使われる。だが、私はこのありがとうサインにハザードランプを使うのはどうかと思う。本来ハザードランプは高速道路上での緊急停止など、かぎられた緊急時に使うべきモノ。こうものべつハザードを点灯していたら、いざというときに本来の機能を果たせない。

私は、車線に入れてもらったときは、ハザードではなく、軽く手を挙げるようにしている。こういうときは、たいてい渋滞でスピードが遅いから、窓を開け、ちょっと顔を出してあいさつすればいい。クルマのお尻でパッパッというのより、ずっと上品だ。駐車のさい、アリバイ的にハザード点灯というのも、いさぎよくないのでやらぬ。そもそもハザードを点灯したからといって、交差点内など、他のクルマに迷惑のかかる違反駐車をしてもいいというワケではない。

合図やあいさつに人柄が表れる

いわゆるパッシング、上向きライトを点滅させる合図も、いろいろな使い方をされている。右折しようとしている対向車に対して、あるいは狭い道でのすれちがいで、お先にどうぞといった意味で使われる。ただ、これはいいタイミングで、点滅は1回だけでやることだ。パッパッと乱暴に点滅させると「こっちが先に行くぞ、どけ！」といっていると誤解される。そもそもパッシングランプとは、追い越しをおこなうさい、前を走る遅い車に注意を促すための合図だった。要するに、もともと「邪魔だからそこをどけ」という意味で使われていたものだから、使い方には気をつけたほうがいい。

さすがに最近では、高速道路の追い越し車線上などで、これを本来の意味で使う乱暴な輩《やから》は少なくなった。ああいう行為はお下品だ。といって、同じく「どけ」という意味で、右側のウインカーを点滅しっぱなしで、前のクルマをあおりまくるというのも感心したものではない。そんなサインを送られたら、誰だって不愉快だし、ことによったら起こさなくてもいいトラブルになりかねない。本書の読者は、こんな粗暴なマネはけっしてやらないと信じる。

他車とのコミュニケーション4

クラクションは短く鳴らし、ニッコリあいさつ

東京の交通は世界的にみてもごく静かなほうだ。私がクルマの運転をはじめた昭和30年代とちがって、人を見ても、クルマを見てもクラクションを鳴らすなどというドライバーはほとんどいなくなった。こいつはおおいにけっこうなことであるが、少々、おとなしすぎるかなとも思う。

イタリアあたりでは、ワールドカップの決勝リーグで代表チームが勝利すると、路上を走るクルマはいっせいにクラクションを鳴らして、喜びを表現する。それをうるさいなどと怒る者はいない。みんなわかっているのだ。また、手際の悪い道路工事などで渋滞を起こされたときは、ドライバーは現場を通過するさい、いっせいにクラクションを鳴らして抗議する。

こういう意思表示は、おカミの定めた秩序に従順な日本人は苦手なようであるが、私は必要とあらば、クラクションはおおいに使っていいと思う。いかにジェントルマンといえど、主張すべきことは毅然として主張すべきである。

しかし、一般の交通のなかで、歩行者や他車相手に使用する場合、いらだちにまかせて乱暴にクラクションを鳴らしてはいけない。クラクションに驚いて袋の卵を落とし、割ってしまったのを弁償せよといわれたという驚くような話もあるのだ。クラクションは相手を攻撃するためでなく、注意を喚起するためにある。ビービーと人を不快にさせる鳴らし方をしないことだ。鳴らすなら、ビッと軽く、そして鳴らしたら手を挙げてあいさつをする。他車（者）とのコミュニケー

相手を不快にさせないように鳴らす

ションの基本はジェントルマン精神である。相手を不快にさせない鳴らし方というのは案外むずかしいし、車種固有の音量や音色によっても鳴らし方は変わるだろう。これは迷惑にならない場所で、練習しておくといい。

交差点の信号待ちで、こともあろうにマンガなんぞを読んでいて、いつまでたっても発進しないノータリンのドライバー。歩行者でも、後ろからクルマが来ているのに気づかず、ぺちゃくちゃおしゃべりし続けながら道をふさいで歩くオバさんというのも日本中、どこへ行っても見かける。

こんなときはビッと軽く鳴らす。こちらに気づいて振り返ったら、仏頂面をせず、ニッコリ笑って手を挙げればよろしい。それで怒ってさらに道をふさぐような人はいない。

見通しの悪い狭い道から、そろそろと鼻先を出してくるクルマにも、クラクションを鳴らしてやる。相手からこちらは見えないのだから、こういう場合は鳴らしてやるのが親切というものである。

のべつ使えとはいわないが、クラクションは有効な意思伝達手段だ。使わないほうがいいということは決してない。

渋滞時の合流は窓を開けてあいさつする

初心者が苦手とするのは、半分渋滞気味で、ゆっくり流れている本線に合流していくケースだ。これはと目をつけたクルマの前に出て、ウインカーを点滅、前に入りますよと意思表示して、あいだを空けてもらい入っていくわけだが、四六時中渋滞している首都高速など、こればかりだと思っていい。これができないといつまでたっても合流車線で立ち往生ということになる。

この場合、相手に協力してもらわなければ、車線を移ることはできない。それには自分のクルマを完全に停めてしまわないことだ。いったん停まってしまうと、本線上のクルマは入れてやるために、自分も停まらなければならなくなる。流れながら、交互に入っていくことである。

入るコツは、きわめて簡単である。窓を開け、振り返って手を挙げ、後ろのクルマにあいさつすればいいのだ。これをウインカーだけですまそうとするからむずかしいのである。あいさつしたら、流れに合わせたスピードで、少々図々しくなったつもりで、相手の鼻先にゆっくりボディを入れてゆく。後続車はアクセルを戻し、少しあいだを空けてくれるから、そこですんなりと入っていけばよろしい。

ここでスピードをゆるめず、前車との間隔をことさら詰めて意地悪するようなバカ者は、100人に1人ぐらいしかいない。クルマが入ったら、振り返って手を挙げ、ありがとうの合図を送ろう。ハザードランプでのお礼はあまり感心しないが、振り返る余裕がなかったら、何もしない

あいさつひとつでうまくいく

よりはマシだ。とにかくあいさつすること。自分が他のクルマを入れてやって、なんのあいさつもされなかったときの気分を思い出せば、そいつはよくわかるだろう。

とくに東京の交通マナーは世界的にみてもかなりいいほうだから、まずは場所を空けてくれる。そもそも入ろうとするクルマを入れてやる側には、かすかながら優越感があり、決して気分の悪くないものなのだ。もし、運が悪く意地悪なドライバーに出会ったら、張り合うことはない。そんなドライバーは何をするかわからない。危うきには近づかず、さっさと先に行かせて、次のクルマに入れてもらえばよろしい。

ただ、いつまでたっても入ろうとせず、ぐずぐずしていてはダメ。ウインカーを点滅させたまま入るんだか、入らないんだかわからないような運転は危険だ。いつまでたっても入ろうとしないので後続車が戻したアクセルを再び踏んだら、急に入ってきてドシンとあいなる。タクシーなどボディの見切りがうまいから、一見、スピードをゆるめず意地悪しているように見えても、いざとなると、ぎりぎりのところでブレーキを踏んでくれ、意外と入りやすいものである。

右折は自分の行動を他車に見せつけながら

右折でイヤなのは、右折信号がなく、対向車が次から次へと来る場合だ。といって、どこの道路も混雑しているこのごろは、対向車が途切れるのを待っていると、信号が赤になるまで待たなければならぬ。信号が黄色になっても停まらずに、突っ切ろうとするクルマが多いから、結局、1台ずつ、赤信号になった瞬間に右折するということになってしまう。

ま、こういう場合はのんびり構えて、対向車の直前をサッとばかりに曲がろうなどとは考えないこと。後ろのクルマにクラクションを鳴らされるかもしれないが、あおられて曲がって対向車とドカンと衝突しても、後ろのクルマが責任をとってくれるワケじゃない。とにかく対向車の流れが切れるまで待つことだ。曲がろうとして、途中で無理だとわかり急ブレーキというのも、誤解を与えて危ない。あなたのクルマがそのまま曲がると思いこんだ後続車に追突されるだろう。

信号の変わり目で曲がろうとするときは、決してあわててアクセルを踏み込み、速いスピードを出して交差点を脱出しようとしてはならない。横断歩道を渡っている歩行者をひっかけてしまったら目も当てられないし、自転車がツーッと突っ込んできたりする。とくに信号の変わりぎわは、歩行者も自転車も、急いで渡ろうとするから危険だ。

こんなときは、ゆっくりと周囲のクルマに自分をアピールするようにして右折する。ことによったら信号が変わってスタートしようとするクルマは、クラクションを鳴らすかもしれないが、

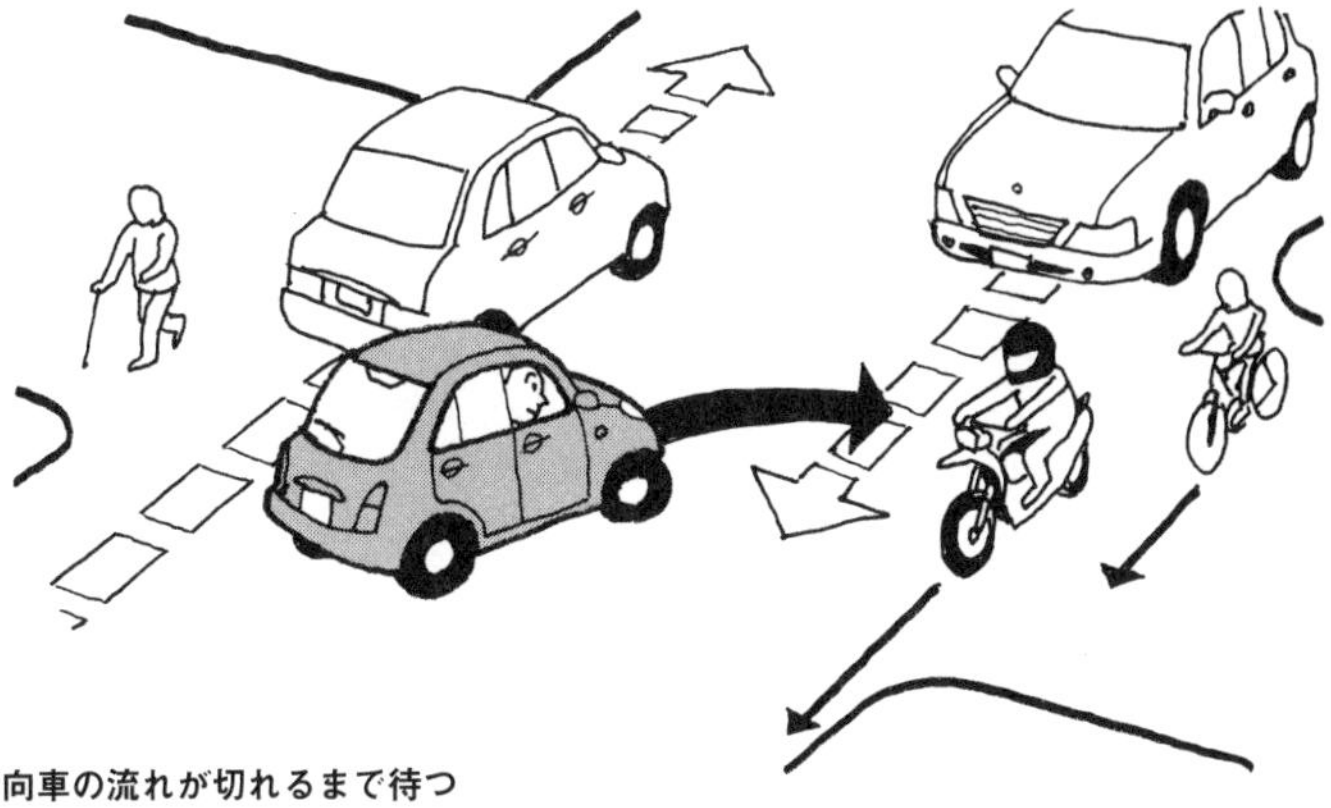

対向車の流れが切れるまで待つ

あえてぶつけてきたりはしない。なにせ相手は停まっているのだから、まず事故にはなりえない。

総じて、交差点では、もたもたして他車に迷惑をかけてはいけないという遠慮が、事故を起こす原因となる。後続車への遠慮、交差点をふさいだらいけないという遠慮はよくわかるが、それが原因であわてたり、おどおどしたりすると、あなたが何をしようとしているかが他車からはわからず、変なタイミングでぶつかることになる。ゆっくりとまわりを見て、自分の行動もまわりにゆっくり見せつけることだ。

また、右折する場合は、なるべく早めにウインカーを点灯するのが礼儀である。しばらくウインカーを点灯して走る間に、後続車は左側車線に移ることができる。交差点の直前でいきなりウインカーを点灯したら、後続車は車線変更できず、あなたの後ろで足止めをくわされる。また、あなたの前のクルマがいきなり右折のウインカーを出して停止しても、反射的に左側に出ないこと。たまたま左側車線が空いていればよいが、まかりまちがえば、ちょっとした迷惑ですむところが、左側のクルマに接触事故という大迷惑になってしまう。

第2章

これだけは
知って欲しい
運転の心構え

想像力

運転は運動神経ではなくアタマでするものだ

クルマの運転とは、数秒後、数分後、ときには数時間後を「どうなるだろう」と予測・想像しながらおこなうものだ。「あの歩行者は横断歩道を渡らないだろう」「前のクルマはこれから右折するだろう」「ことによったら雪になるだろう」などなど、これから起きる事態を次々に予測しつつ、その予測にしたがって自分のクルマをコントロールするのがドライブだ。運転はアタマでするものであって、決して反射神経や運動神経でおこなうものではない。運動神経の過信と想像力の欠如は、こと運転においては最悪の結果をもたらす。

運動神経さえよければ、より速く、よりスムーズに、より安全に走れると思ったら、とんでもない間違いである。こういう考えは、いますぐ改めたほうがいい。反射神経や動態視力は、ドライブを構成する上でたしかに大きな要素ではあるが、それだけに頼るような運転では、命がいくつあっても足りない。運動神経が人並みはずれて高いハズのプロ野球の選手が、高速道路の側壁に激突、シーズンを棒に振ったというニュースもあったではないか。

むしろドライブで大事なのは、これから起きる事態を的確に予測し、次に自分がとるべき行動を組み立てていくアタマの能力なのだ。そして、そのようにのべつ自分のアタマを使うからこそ、ドライブは楽しいのである。

運転するときは、少なくとも十数秒後に自分がおこなう行動について、前もって心の準備をし

事態を次々と予測しつつ走る

て、その手順と起こりうる事態について想像できていなければならない。左折するのであれば、後方確認やウインカーを出す手順を意識し、後方からバイクがクルマの左側に入ってくるかもしれないとか、交差点を自転車が走り抜けるかもしれないということが、想像できなければいけない。

心の準備もないまま、直前で曲がるべき交差点に気づき、いきなり左折をはじめたものの、すり抜けていくバイクに気づいて急ブレーキ、というのでは危なくてしょうがない。曲がる場所に気づくのが遅れたら、あきらめて直進し、どこかでUターンしたほうがいい。

また、前章のコミュニケーションのところで述べた相手の意思や状態を読むのも想像力のひとつだ。交差点を左折するとき、向こう側から横断歩道を渡ってくる自転車が、ケータイで会話しながらやってきたとする。こんなとき、私はかならずクルマを停める。十中八九、私のクルマの存在が彼の意識には上っていないはずだからだ。

クルマの運転は一にも二にも、想像力である。神経質なぐらい想像力をはたらかせてほしい。

有視界ドライブ

見えないものを恐れ、見たものだけを信じる

クルマをドライブしている間、ほとんどの情報は目から入ってくる。もちろん耳から入ってくる音は大事だし、ときに匂いがクルマの異変を伝えることもあるが、その大半は視覚情報である。クルマをスムーズかつ安全に走らせるには、より多くの視覚情報を得て、確認するドライブが重要だ。私はそれを「有視界ドライブ」と名づけて、実行している。

見えないものを恐れ、見たものしか信じない。それが有視界ドライブの基本だ。この当たり前のことを、しないドライバーがけっこう多い。前項で想像力をはたらかせながら走るということについて述べたが、こういうドライバーは想像力が欠如しているのだろう。

アクセルを踏むときもステアリングを切るときも、自分の目で確認してから行動に移す。逆にいえば、見えないときは行動には移れないということだ。住宅街の狭い道にクルマが停まっていたら、その陰から人が飛び出してこないか、確認できるまではゆっくり進むしかない。信号もうかつに盲信してはいけない。右折信号が点灯しても、ちゃんと反対車線を見て、信号の変わりぎわに交差点を直進してくる対向車がいないか確認してから右折する。

また、有視界ドライブでもう一つ重要なのは、なるべく多くのものを見て、危険の手がかりを得つつ走ることだ。たとえば、ミラー。私はクルマをドライブしているときは、7：3、ときには6：4ぐらいの割合でミラーを見るようにしている。後方の状況は、のべつ意識的にミラーを

目隠し運転同然になっていないか

見るようにしないとわからない。周囲にどんなクルマがいるか、それを意識するかしないかでは、運転はまるで違ったものになる。

また、どこを見るか、見るべき場所のチェックリストを自分の経験から得ることも役に立つ。先の項でも述べたように、起こりうる危険な事態を想像すると、何を見なければならないか、どこに危険を察知する手がかりがあるかもだんだんわかってくる。道路わきにバスやトラックが停まっていたら、そのタイヤのあたりに、クルマの陰に隠れている人の足が見えないか、チェックする。商店街のガラス窓も、細い路地から出てくる人影が映っていないか確認する。

こういうことを考えながら走っていると、住宅地の生活道路を猛スピードで走り抜けていくドライバーが、どんなに愚かに見えることか。あんな運転では、目隠ししたまま走っているのと大差はない。

繰り返すが、「見えないものを恐れる」「見たものしか信じない」「なるべく多くのものを見る」。これが有視界ドライブだ。みなさんもぜひ、このことを実行してほしい。

第3章

これが運転の基本だ

取り扱い説明書

走りながらスイッチを探しているようでは危険だ

新車を買ったら、何はともあれすぐに走り回ってみたいと思うことだろう。しかし、試運転をとりおこなう前に、まずは取り扱い説明書をよく読んでおくことをオススメする。いざ走りだしたはよいが、パワーウインドウのスイッチがどこにあるのかわからずまごついたり、ランプのスイッチを探してバタバタするといった事態はとても危険なのだ。走りながら、あれこれ探しているうち、せっかくの新車でドーンと追突でもしたら、目も当てられぬ。

新車にかならず一緒についてくるのが取り扱い説明書、トリセツである。トリセツにはそのクルマの操作、メンテナンスの仕方が、わかりやすく説明されている。といっても、いまやクルマの操作系は世界的にほぼ統一されており、いきなり初めてのクルマに乗っても運転できないなどということはまずないといってよい。ひと昔前のフランス車などはダッシュボードからシフターが突き出していて、それを押したり引いたりしてシフトするなど操作系が変則的でまごつかされたものだったが。

それでも、ガソリンの給油口、エンジンフッドの開け方、パーキングブレーキのリリースの仕方は、依然クルマによってまちまちだ。また、外国車のなかにはパワーウインドウのスイッチが妙なところについていたり、ドイツ車のようにランプのスイッチが、ダッシュボードについているというケースもある。こういうものは基本的にそのスイッチ類を見ないでも操作できるようで

読めば意外な発見があるはず

なければ危険だ。こいつはトリセツに書いてあるのだから、よく読んで、前もって知っておくことだ。

とくに昨今のカーナビ、ステレオ類の操作は、メーカーごとにまったく異なっており、しかもやたら面倒ときている。こいつはクルマ本体以上に、よくトリセツを読んでおくことだ。何はともあれ走行中まごつくような事態はいっさい避けたい。とりあえずクルマを停めたまま、トリセツを読みながら、実際にいろいろ操作してみることである。

トリセツには、警告灯の点灯がどんなトラブルを意味しているかも書いてある。燃料残量や油圧低下の警告灯に気づかず走りつづけたとしたら、悲惨な目にあう。警告灯の意味とその後の対処法はかならず知っておかなければならない。そのほかトリセツには、タイヤ交換のさいジャッキをどこにあてるかなど、非常時の対処法も書かれている。いざというときには意外と役に立つモノであるから、グローブボックスのなかなど、すぐ取り出せるところに常備しておくことだ。中古車にはトリセツがついてない場合があるが、よほど古いクルマでもないかぎり、ディーラーに頼めば売ってもらえる。

ドライビングポジション1

運転のレベルはドライビングポジションにあらわれる

ガソリンスタンドで洗車を頼むと、シートの位置が変えられたままになっていて、実に腹が立つことがある。昨今の高級車の電動シートは、定位置を記憶しておくものもあるが、いったん大きく変えてしまったドライビングポジションを、もとのしっくりくる位置に戻すのはけっこう面倒なのだ。足の短い私がようやく定めたベストポジションを、足の長いスタンドボーイに変えられたと思うと、ますます腹立たしい。

ま、それは冗談としても、ドライビングポジションについて、私は神経質と思われるぐらい注意を払っている。なぜなら、ポジションが決まっていないと、運転は確実に下手になるからだ。

極端な話、私はシートの座り方を見ただけで、その人の運転のレベルをある程度見抜くことができる。うまいドライバーはお尻や背中で、後輪がしっかり路面をグリップしているかいないかを察知する。コーナリング中の荷重移動は、身体がシートにピッタリおさまっていてこそ、感じ取れる。スティアリングを回すたびにシートから身体が浮くようでは、コーナリングのさい、身体が振られてしまう。また、シートにピッタリ身体がおさまっていないと、せっかくのシートベルトも、その効果は半減してしまう。

シートをギリギリ前に出し、それでもまだ足りず、身体を浮かしてスティアリングにしがみつくような姿勢で運転している女性ドライバーをよく見かける。おそらく自分のクルマの直前を見

こんなポジションでは決して上達しない

たいのだろうが、50〜60km／hで走っているクルマの直前をのぞき込んでも、何の意味もない。こういう姿勢では、いざというとき強いブレーキが踏めないし、また的確なスティアリング操作ができず危険である。

それとは逆にF1レーサー気取りで、バックレストを極端に倒し、腕をいっぱいに伸ばして運転しているドライバーもいる。これまた同じく危険だ。いざというときに身体を起こさなければスティアリングが操作できないし、視界も悪くなるだけだ。それにこんな姿勢では、衝突したとき身体がシートベルトからすり抜けてしまう。

ドライビングポジションは、よい視界が得られ、ブレーキをしっかり踏め、スティアリングを的確に操作できること、そして、これらを身体をシートにぴったりと密着させたままでできることが基本だ。初心者にはとくに正しいポジションを学んでほしいが、運転に「慣れた」ベテランドライバーも、誤ったポジションのままこり固まっている場合がある。次項で具体的に正しいポジションを解説するので、自分の運転姿勢をチェックしてほしい。

ドライビングポジション2

バックレストに背中を密着させるのが基本だ

では、シートの調整の方法を具体的に見ていこう。まずシートの前後だが、シートに深く腰かけた状態でブレーキを思い切り踏んだとき、膝《ひざ》が伸びきらず、まだ力がこめられるぐらいの位置に調整する。本当に危険な場面で思い切りブレーキを踏むためだ。

バックレストの傾斜は、バックレストにぴったりと背中をつけたまま、両手をまっすぐステアリングに伸ばしたとき、肘《ひじ》が少し曲がる程度に立てる。ステアリングを操作するさい、背中がバックレストから離れるようでは倒しすぎだ。

一般的な感覚からすると、シートは少し前、バックレストは立て気味といったところだろう。私の見るところ、一般のドライバーはバックレストを寝かせすぎだ。バックレストはもっと立てたほうが視界もよくなるし、身体がシートに密着する。パニックブレーキを踏んださい、背中をバックレストに密着させたまま、両腕でぐっとステアリングを押さえ、身体を支えることのできる位置とイメージすればよい。この正しいポジションは、はじめてだとしばらく違和感があるかもしれないが、2～3週間もすれば慣れて、運転しやすいことがよくわかるだろう。

こうしてシートを調節したら、今度はステアリングの位置を調節する。ステアリングは上下方向の傾きを調節したり、クルマによっては手前や奥に動かしたりもできるようになっている。メーター類の視認が妨げられない範囲で、自分のベストポジションを見つける。

これが正しいドライビングポジションだ

むろんポジションの調整は、クルマを停めておこなう。走行中、シートの前後方向を変えるなどもってのほかだ。走りだして、やっぱりしっくりこないというときも、かならずクルマを停めてから微調整をおこなってほしい。ノッチが外れているとき加速、減速すると、ガラガラッと滑って思いもかけない事故を起こす。その点、高級車についている電動シートは、しっかり固定されたまま、走行中でもちょっとした調整ができ、なかなか使いやすい。

身体にしっくりくる位置というのは、その日の気分、体調によっても微妙に異なる。また、着ているものによって、身体のおさまりぐあいは異なってくる。さらに長距離ドライブで、長時間同じ姿勢のままでいると、身体が疲れてくる。

そんなとき、私はドライビングポジションを微妙に変えることがある。シートの前後で1ノッチぐらい、バックレストで、これまた1〜2ノッチぐらいだ。ノッチ式のバックレストは、しっくりくる位置がなかなか見つからないのがイヤなのだが、その点、VWゴルフのような微妙な調整のできるダイヤル式のバックレストはありがたい。

シートベルト

きちんと装着しないとなんの意味もない

シートベルトはかならず締める。同乗者にもかならず締めさせる。クルマを運転する以上、これは鉄則である。シートベルトは20～30km／hの低速から、100km／hオーバーの高速域にいたるまで、いざ事故が起きたさいの被害をおおいに軽減してくれる。依然としてシートベルトに代わるだけの機能を持った安全対策は存在しない。エアバッグも、このシートベルトをしっかり締めてこそ、その機能を発揮するようにできているのだ。

かりに時速20km／h程度で電柱にぶつかったとする。このときシートベルトをしていないと、助手席の乗員はシートから飛び出し、頭でフロントガラスを突き破ってしまうことがある。ごく低速の20km／h程度でもそうなのだ。

これが速度が上がれば上がるほど、事故のダメージは大きくなることはいうまでもない。高速道路で100km／hで衝突したら、シートベルトをしていたってムダだろうって？　そんなことはない。高速道路で衝突するときでも、ドライバーはかならず急ブレーキを踏む。その結果、100km／hだった車速は80～70km／hぐらいまで落ちている。このくらいまで車速が下がると、しっかりシートベルトをしてさえいれば、生存の望みは大きく高まるのだ。

シートベルトは、事故の衝突でドアがバーンと開き、クルマの外に放り出されるという事態からも乗員を守ってくれる。高速道路での事故死の4分の1は車外に放り出され、路面に叩きつけ

腰骨の位置でしっかり装着

られたり、後続車にひかれることが原因だという。いくらドアロックしてあっても、そんなものはなんの役にも立たない。ドアのロックは、ただ、暴漢に外から開けられないようにするためだけのものなのだ。

むろん、後席の乗員にも装着させる。後席の乗員がシートベルトをしていないと、いざというとき、前席に頭から突っ込むことになり、前席の乗員を押しつぶしてしまう。また前述のような放り出される事故は後席のほうが起こりやすい。

ただ、シートベルトはきちんと装着しないとその機能を果たさない。ベルトはしっかりと腰骨の上にまわるようにする。これが腰骨でなく腹部を押さえていると、いざというとき腹部が強烈に圧迫され、腸が切れてしまう。また、しっかり鎖骨のところにまわっていることも大事だ。首にかかっていると、衝撃が首にかかり、首の骨を折ったりする。

シートベルトはドライバーの身体に合わせて、その位置を調整できるようになっている。違反切符を切られるからと、形式的に締めるのではなく、一度、自分の身体にしっかり合う位置を探し、調整しておくことだ。

服装・履き物

底が薄くてしっかりしている靴がいい

私がクルマに乗るとき、身につけるものでもっとも気をつかうのは、履き物である。草履、ハイヒールのたぐいはもってのほかだ。草履なんぞは、いざというときずるりと滑ってしまうし、かかとのとがったハイヒールでは、ペダルを踏むさい、支点となるかかとがグラグラしてしまい、まともに運転ができないだろう。微妙なアクセルワークがしたくて裸足で乗るなんて人もいるが、こいつは足をケガするからやめたほうがいい。

スニーカーのたぐいはちょい乗りにはいいが、底が柔らかいと長時間のドライブでは意外と疲れやすい。スポーツシューズでも底がぶ厚いものは敬遠する。足裏の感覚がつかみにくいからだ。理想的には底の薄くて硬い革靴で、コバ（靴底のふち）がはみ出ていないものだ。薄くて硬い皮底は、微妙なアクセルワークをするのにいい。ただ、コバが出ていると、そいつがペダルにひっかかるので危ない。スニーカーでも革靴でも、靴ひもはしっかりとまとめておくこと。こいつがだらしなくぷらぷらしていると、これまたペダルに引っかかりかねない。

履き物をのぞけば、クルマに乗るときの服装は、基本的に何を着てもいいと思う。私はオシャレが好きだから、クルマによって服装をどうするか、あれこれ考えるのが楽しみだ。パーティ用のスーツできちっと決めて乗るのもいいし、ざっくりとセーターで乗るというのもいい。

クルマと服装の組み合わせを考えるのが楽しいのだ。ＳＵＶに米軍のフィールドコートなんて

長時間のドライブならそれなりの服装を

のは、当たり前すぎてつまらない。むしろ、オープン2シーターに、あえてスーツ姿で乗るというミスマッチが楽しい。私は正月は和服と決めているが、和服で乗ったっていい。ただ、さすがに草履は脱いで、足袋で運転するが。

ある真夏の朝、ミュージシャンのK氏が、白いTシャツとジーンズ姿で、真っ白なフェラーリに乗っているところを見たことがあるが、こいつはなかなか決まっていて、おお、カッコいいなあと思わされたものだ。

ただ、原則的には身体を動かしやすい、スポーティでカジュアルなものがいい。ゴワゴワ、バサバサして身体の動きが制限されるようなものは避けたほうがいいだろう。冬の寒い日、ダッフルコートでオープンに乗るなんてのもカッコイイとは思うが、こいつは少々、重くて運転が制限される。また、いくら動きやすいからといって、ジャージ姿というのは感心しない。こいつはスポーツウエアというより、寝間着みたいなものである。ちっともスポーティじゃないし、でれでれして緊張感を欠いている。クルマは「ウチ」ではなく「ソト」だ。お茶の間の延長ではないのである。

エンジンがかかったらすぐスタートしよう

クルマをスタートさせるときは、まずアイドリングしてエンジンを暖め、水温が上がってからというのが、かつては常識だったが、いまのクルマは暖機運転の必要はほとんどない。エンジンの工作精度が高くなっているし、エンジンオイルもよくなっている。キャブレターだった時代とは違って、エンジンの回転数や混合気の濃度は、コンピュータが自動的に制御するから、エンジンがかかったらすぐにスタートできる。

長時間のアイドリングは、ただ無意味にCO_2やNO_xを大気中にばらまくだけだ。昨今の環境問題からして、もはや許されることではない。エンジンがかかったらすぐスタートしよう。それでも気になるというなら、水温系の針が動きだすまで、数百メートルは30km/hぐらいでゆっくり走り、針が動いたところで普通にアクセルを踏めばいい。いまのクルマはおおかたアルミブロックエンジンなので、エンジンはすぐに暖まる。

むしろ気をつけるべきはトランスミッションで、年季の入ったオートマチックトランスミッションなど、油温が上がっていないうちにフル加速したりすると、トランスミッションを傷めることがある。こいつは数百メートルの徐行で暖めてやってから、普通に走りだすといい。

いずれにせよ、いまやアイドリングは基本的にしてはならないことと思っていい。よく、夏の昼下がりなどエンジンをかけっぱなしにしてエアコンを効かせ、昼寝を決め込んでいるドライバ

エアコンを効かせて昼寝なんてもってのほか

ーがいる。なるほど気持ちがいいだろうとは思うが、こいつもそろそろやめにしたい習慣だ。また、真夏、日差しのなかに駐車していたクルマに乗る前、エアコンを効かせっぱなしにして室内が冷えるまで外で待っているというドライバーもいるが、これもやめにしたい。窓を開けて走りだせば、室内の熱気などすぐに出てしまうのだから。

実際、東京都の条例では、無用なアイドリングは禁止されている。ところが、どういうわけかこいつを警察が取り締まっているのを見たことがない。それどころか、警備車両やパトカーなどが、緊急時でもなさそうなのにアイドリングしっぱなしという光景をよく見る。ここらあたりはドライバー全員の意識が変わらなければ解決しないことと思う。

誰だって、自分の家の前に見知らぬクルマが停まって、えんえんアイドリングをしているのを見て愉快な気分にはならないだろう。こいつはモラルの問題でもあると思う。クルマを停めたらすぐにエンジンは切る。渋滞などで長いストップを強いられたらエンジンを切る。そしてエンジンをかけたらすぐにスタートする。こいつを習慣づけてほしい。

ステイアリング操作1

しっかり両手で持たないと危険は回避できない

ステイアリング操作でもっとも重要なのは、両手で保持するということだ。曲がるときだけではない。まっすぐ進むときも両手で握っていたほうがいい。そうでないと、工事中など、路面の荒れたところを通過するさい、進路を乱されてあわてることになる。ステイアリングの機能はクルマを曲げるだけでなく、直進させることにもあるのだ。

ときどき開いたウインドウを肘かけがわりにし、片腕でステイアリングの下を押さえ、鼻歌まじりというドライバーを見かけるが、こういうだらしないスタイルは危険である。それでは何かあったとき、すばやく的確なステイアリング操作ができない。思ったより切りすぎてスピンしたり、切り足りずに道路の外に飛び出したりしてしまう。いつ起こるかわからない緊急事態に対応できないのでは、ステイアリングを握っていないも同然だ。

スレて妙な姿勢をとるベテランとは逆に、緊張のあまり、肘を大きく曲げ、ステイアリングにしがみつくようにして運転しているビギナーがいる。これもまた、いざというとき腕が思うように動かず、危険回避のできない危険なスタイルだ。ステイアリングはいつ、いかなるときも、意のままに回せるポジションでリラックスして握らなければならぬ。

握る位置は9時15分、10時10分、8時20分のあたりならお好みでいいと思う。10時10分で握り続けてちょっと疲れたなと感じたら、2時40分、10時20分あたりに持ち替えてやればいいのだ。

こういうだらしないスタイルは危険

腕は肘が軽く曲がるくらいにして、スムーズに操作できるようにする。高速道路などで疲れてきたとき、両手をスティアリングの下にかけたまま直進というドライバーをよく見かけるが、これもまた危ない。

また、スティアリングは操舵装置であると同時に、路面と手をつなぐ大事な情報源でもある。しっかり握るといっても、硬直してギュッと握りしめてはいけない。それでは指先に伝わってくる路面からのインフォメーションを殺してしまう。あなたは70〜80km/hぐらいで水たまりに突っ込んだとき、タイヤがフワッと浮いたことを感じ取れるだろうか。この感覚が大事なのだ。

漫然とスティアリングを握るのでなく、意識して指先に神経を集中してみてほしい。慣れてくると、小石を踏んだぐらいはわかるようになる。タクシーなどプロのドライバーは、パンクをはじめとするほんのちょっとしたタイヤの不具合を指先で感じ取っている。ちょっとむずかしい言い方になるが、スティアリングは緊張感をもって確実に、かつやさしく繊細に握ることだ。

送りハンドルはおおいにオススメしたいテクニック

クルマを長い間運転していると、知らずしらずのうちに妙なクセがついてしまう。先述の片手ハンドルや下持ちハンドルがそれだが、なかには高速道路で逆手ハンドルをやらかすという、とんでもない御仁もいる。街なかでも、曲がろうとするたびに、いちいち逆手、逆手と持ち替える。こういうドライバーの横には死んでも座りたくない。

逆手ハンドルは、まだパワーステアリングが一般化していなかったころ、エイヤッとばかりに力をこめてすえ切りする必要があったからだが、いまや軽自動車ですらパワーステアリングがついている。非力な女性ドライバーとて逆手を使う必要はまったくない。危ないだけだ。

それじゃ、送りハンドルはどうだ。送りハンドルは、片手でステアリングを送るか、引くかしつつ、もう片方の手のひらのなかでステアリングをすべらせるというもの。教習所ではいまだに送りハンドルは厳禁ということになっているようだが、こいつは決して悪くない。タイトなコーナーの連続する山道のスピードドライブではこいつが欠かせないし、市街地でもなかなかエレガントであるから、おおいにオススメする。

教習所で教える交差ハンドルは、バタバタと手を交差させるたびに、ステアリングから両手がはなれる瞬間があり感心しないが、送りハンドルは回している間も両手がハンドルからはなれない。送りハンドルがタブーとされたのは、これまたパワーステアリングがなかった時代のな

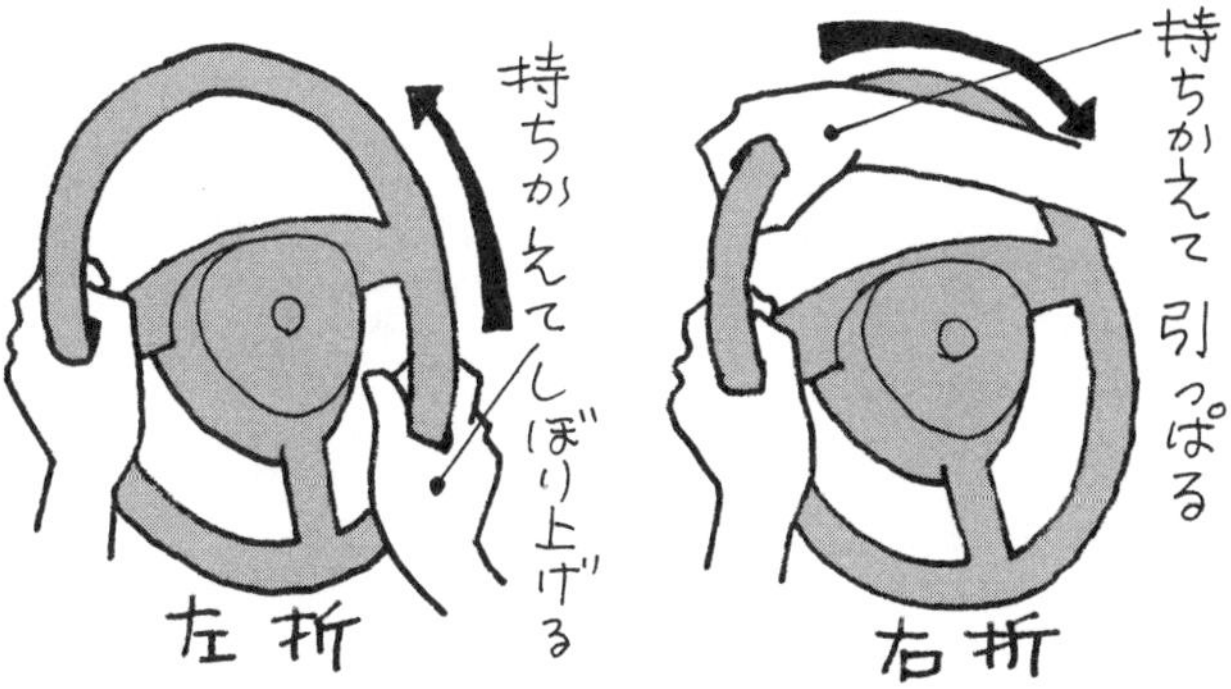

送りハンドルのやり方

ごりだ。現代ではパワーアシストのおかげでロックからロックの回転数が少なく、送りハンドルにはもってこいである。

送りハンドルには、「引っぱり型」と「しぼり上げ型」がある。引っぱり型は、右に曲がる場合はあらかじめ右手を左手の直前までずらし、曲がるときに必要なだけ右手で引っぱるというもの。このとき左手は10時あたりで動かさずステアリングを手のひらのなかですべらせる。しぼり上げ型は、同じく右に曲がる場合、左手をあらかじめ7時のあたりにずらし、曲がるときに必要なだけ左手を送る。右手は10分あたりにおいてステアリングをすべらせる。

どちらの方式でもいいが、送り手、引き手は利き手ということになろう。右利きなら、右曲がりは引っぱり型、左曲がりはしぼり上げ型ということだ。送りハンドルはステアしているとき、送り手と添え手が対称位置に来ていて、ステアリングをしっかりホールドしていることが大事だ。こいつをいちいち頭で考えながらやっていては間に合わない。無意識のうちに右手、左手が動くようになるよう、停めたクルマのなかで練習するといいだろう。

減速もアクセル操作でできることを意識してほしい

アクセルを踏めばスピードが出る。そこまでは誰でも知っている。しかし、アクセルをはなせばエンジンブレーキがはたらき、クルマはスピードを落とすということを、多くの人はあまり意識していない。ことにほとんどのクルマがオートマチックとなった昨今、アクセルはスピードを出すスイッチ、ブレーキは止まるためのスイッチぐらいにしか思っていないドライバーが多い。

スムーズな運転をするには、アクセルのオン、オフをうまく使い分け、ブレーキばかりに頼らぬことだ。クルマのスピードをコントロールするのは、1にアクセル、2にアクセル、3、4がなくて5にブレーキぐらいに思ったほうがいい。加速も減速もアクセルの仕事なのだ。極端にいえばブレーキをかけねばならないのは、そのままだとぶつかりそうなときと、信号や駐車でクルマを止めなければならないときぐらいである。むろん急加速、急減速を要する、峠道などでのハイスピードドライブの場合は別であるが、私はクルマのスピードコントロールは、アクセルワークとギアの選択を第一にといいたいのである。

エンジンブレーキはトップよりはサード、サードよりはセカンドと、より低いギアのほうがよく効く。山道など、加減速のくり返しが多い道路を走るときは、オートマチック車でもエンジンブレーキの効きやすいスポーツモードなどのレンジに入れ、アクセルワークだけで強い加速、減速が得られるようにしたほうが走りやすい。Dレンジに入れっぱなしでのべつブレーキを踏んで

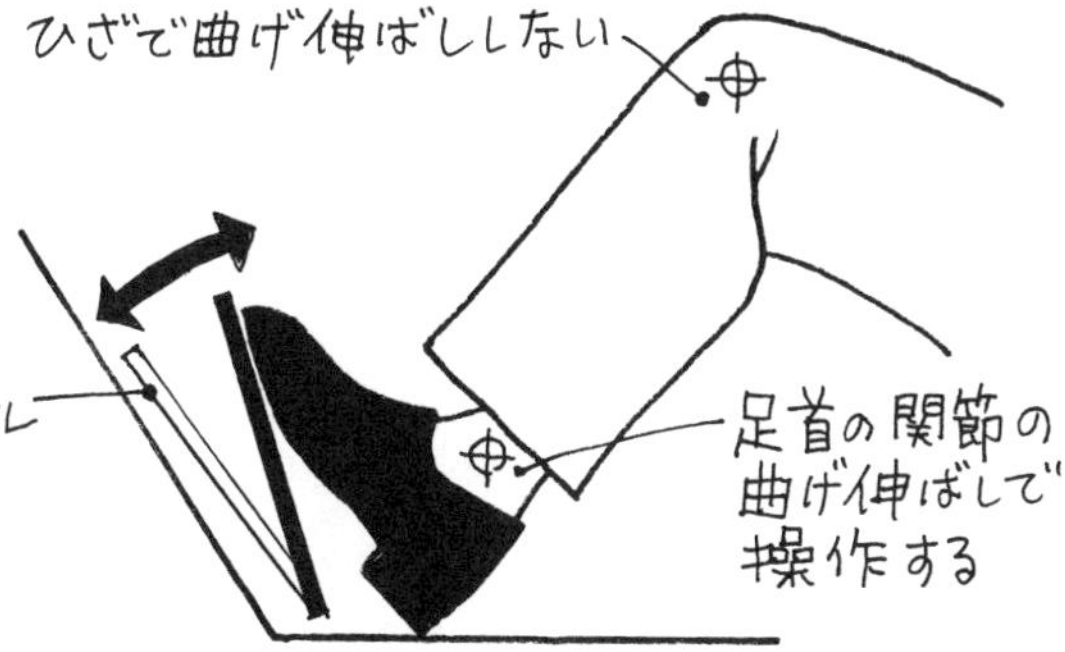

ペダル操作はかかとをつけたまま足首で

いては、ギクシャクしがちだ。アクセルのはなし方がうまいドライバーがうまいドライバーなのである。

もうひとつ、アクセル操作で問題なのは微速域での操作である。駐車場の出し入れや、商店街などの人混みのなかで微速前進しなければならないときのアクセルワークが不得意という人にチェックしてもらいたいのは、ペダルの踏み込みをひざの曲げ伸ばしでおこなっていないかということだ。これは基本中の基本だが、アクセルにしろブレーキにしろ、ペダルの踏み込みはひざの曲げ伸ばしでおこなってはいけない。ひざの曲げ伸ばしでペダル操作をするのは、パニックブレーキを踏むときだけだ。それ以外は、かかとを床につけたまま、足首の関節の曲げ伸ばしでペダルワークをおこなう。ブレーキとアクセルの踏み替えも、かかとを支点にしておこない、かかとを床からはなしてはいけない。

ひざでペダル操作をしている限り、アクセルの微妙な操作はまず無理だ。これでは何かの拍子に思いのほか強くアクセルペダルを踏んでしまい、暴走ということになる危険がある。心当たりのある人は、早めに矯正したがよかろう。

ブレーキ1

パニックブレーキを一度は体験しておくべきだ

あわやというときに踏むのがパニックブレーキだ。パニックブレーキは、それこそ床も抜けよとばかり、思いきり踏まなければならない。ところが、おおかたのドライバーはこのブレーキを思いきり踏むということを経験していない。だから思いきり踏んだつもりでも、まだ踏力が足りず、スルスルスルッ、ドシーンとあいなってしまう。

そんなわけで、昨今のクルマはブレーキペダルを踏み込む速度と強さをセンサーが感知して、踏力が足りなくても、パワーアシストで強力にブレーキを効かせるメカニズムが載るようになってきた。いわゆる緊急自動ブレーキも普及しつつある。しかし完全なシステムとは言えない。

パニックブレーキを踏むときは、両手でスティアリングを強く押さえ、それこそドーンとばかりに思いきりブレーキを踏みつける。バックレストに背中を押しつけ、とにかく思いきり踏んで、少しでも衝突時のエネルギーを軽減するのである。ぶつからなければさいわい、かりにぶつかっても強力にブレーキを効かせてやれば衝突時のダメージは大幅に軽減する。

パニックブレーキというものがどんなものか、一度、パニックブレーキを踏んで経験しておくといい。私は女房が免許を取ったとき、彼女のクルマの助手席に乗り、夜遅く、環七通りに連れ出して、パニックブレーキを二、三回踏ませた。それ以外はべつに特別なことは教えなかったが、以後、彼女は重大事故に遭遇することもなく、今日まで無事にクルマを運転している。

経験がないといざというとき踏み込めない

といっても、そんなことができたのは、夜の環七通りがガラガラにすいていた数十年前の話だ。パニックブレーキの踏めるような道路は、いまやそうありはしない。そこで私がオススメしたいのは、各メーカーなどがやっているドライビングスクールだ。授業はさまざまで、数時間だけのものもあれば、泊まり込みというものもある。

これらのカリキュラムでは、インストラクターが同乗してサーキットのなかで、100km/hぐらいのハイスピードからのフルブレーキや、濡れた路面でのブレーキなどさまざまなケースが体験できる。少々、お値段が高いのが難だが、パニックブレーキというものがどんなものか、一度、自分の体で経験しておくといい。少なくとも踏み込みが足りず、ぶつかるなどということはなくなる。

パニックブレーキなど踏まずにすめばそれに越したことはない。しかし、自分だけはあわないと思っていても、あってしまうのが事故である。あなたがいくら細心の注意を払って、安全運転に徹しても、道路を走っているのはあなただけではないのだ。

ブレーキ2

パニックブレーキが踏めるのはＡＢＳのおかげ

昨今のクルマには、ほとんどすべてにＡＢＳがつくようになった。ＡＢＳ（アンチロック・ブレーキ・システム）とは、急ブレーキをかけたさい、タイヤがロック（タイヤの回転が止まって路面上を滑ること）しないようにブレーキのオン、オフをコンマ何秒という短時間で繰り返すメカニズムである。こいつは最初、ジェット機のブレーキに使われた技術だが、その後普及して、いまでは鉄道車両などにも使われている。

ＡＢＳがありがたいのはブレーキをかけながらステアリングが使えるということだ。クルマが曲がるのはタイヤが回転しているからである。ＡＢＳがない時代は、フルブレーキを踏むとタイヤがロックするため、ステアリングを切っても直進をつづけたり、あるいはコントロールを失ってスピンしてしまったりした。だが、ＡＢＳならブレーキを踏みながらステアリングを切って、障害物を回避するという芸当ができる。

レーサーなら、ＡＢＳがなくとも、ブレーキを強く踏み、ロック寸前でじわっとゆるめ、その間にステアリングを切り、再びブレーキを強く踏むというはなれ業をやってのけるが、そんなことは普通のドライバーには無理。ところがＡＢＳは、そんな高度のテクニックをごく普通のドライバーにもできるようにしてくれるのである。前項で、パニックブレーキはとにかく思いきって踏めと書いたが、それができるのはＡＢＳのおかげなのだ。

ピタッ!
ABSのおかげで、急ブレーキをかけても
タイヤがロックしない

ABSはブレーキに革命を起こした

ＡＢＳは雨や雪などで滑りやすくなった路面では、その効果は絶大である。しかし、タイヤをロックさせないから、場合によっては制動距離が延びてしまうこともある。クルマの姿勢がまっすぐなら、むしろフロントタイヤがロックしたほうが制動距離は縮まる場合も多いのだ。ＡＢＳだと、たとえば雪道で急ブレーキを踏んでも、スルスルスルッとクルマは進んでしまい、あれよあれよ、ドシーンとあいなる。タイヤがロックしてクルマの姿勢が変わったりしないのはいいが、決して魔法のブレーキというわけではないのだ。

もし、他にクルマのいないダートや平坦な雪道を走る機会があったら、安全なところでフルブレーキを踏み、あなたのクルマのＡＢＳを試してみるといい。ＡＢＳがはたらくと、グッグッグッとブレーキペダルに振動が伝わるのでそれとわかる。この振動を経験したことがないと、いざというとき驚いて、ペダルを踏む足をゆるめてしまうこともある。

ＡＢＳはあくまで緊急時の保険である。何より大事なのは、ＡＢＳがはたらいてしまうような状況にあなたのクルマをもっていかないことだ。

ブレーキ3

ブレーキの限界を知っておくべきだ

現代のクルマのブレーキは昔にくらべて見違えるほどよくなった。驚くほど効くようになったし、ABSのおかげで急ブレーキをかけてもロックしない。しかし、基本的にブレーキが、走っているクルマの運動エネルギーを摩擦によって熱エネルギーに変え、大気中に放散するシステムであることは、まったく変わっていない。

そのことを知っておかないと、ときに落とし穴にはまる。いかにディスクブレーキが熱の放射効率がよいとはいえ、ハイスピードからのフルブレーキを数回繰り返せば、たいていのブレーキは臭い煙を上げて、「フェード」してしまう。また、それほど強いブレーキでなくても、長い下り坂などで四六時中ブレーキを踏んでいれば、これまた熱を持ってフェードしてしまう。

ブレーキを使いすぎるとディスクやパッドが高温になって、ブレーキが効かなくなる。これがフェードである。これがさらに進むと、ブレーキの油圧系統のオイルが沸騰して気泡ができる「ベーパーロック」が起きてしまう。ベーパーロックもブレーキを効かなくさせる。

長い坂道を下るようなとき、フェードやベーパーロックを防ぐには、サードやセカンドなどエンジンブレーキの効くレンジに入れ、ブレーキは短く強く踏むようにする。こうすればブレーキが風にさらされて、冷える時間が増える。冷やし冷やし走るよう意識することだ。

これはフェードではないが、深い水たまりをクルマが通過するとき、ローターとブレーキパッ

曲がりながらブレーキを踏むのは禁物

トのあいだに水が入って、一瞬だがブレーキが効かなくなってしまうことがある。水はすぐに乾き、ブレーキは効きを取り戻すが、そのことを知っておかないと、とんだトラブルに見舞われる。

また、いくらＡＢＳがついているからといって、ハイスピードコーナリング中のフルブレーキは危険である。とくに雨などの滑りやすいコンディションでブレーキを踏めば、クルマは曲がらずにコーナーの外側に向かって進んでいってしまう。ブレーキングはあくまでクルマの姿勢がまっすぐ前を向いているときにおこなうべきものである。いったんオーバースピードでコーナーに突入してしまえば、いかにＡＢＳを効かせようが、そのほかの電子制御装置があろうが、物理の法則には逆らえないのだ。

アクセル操作の項目でも述べたように、スピードコントロールは基本的にアクセルでおこなうと思ったほうがよい。スロットルオフ、あるいはハーフスロットルをうまく組み合わせることで、クルマのスピードはコントロールできる。ブレーキにのみ頼るスピードコントロールは危険である。

視点

4〜5秒先の自分の位置を見て判断する

人間は顔と背中を除いて、自分の身体のあらかたを自分の目で確認できるが、クルマはいったんドライバーズシートに座ると、ボディが外界とどう接しているのかまったくわからない。直接、目で見えるのはせいぜいボディの右側面だけだ。そんなわけで、初心者のなかにはフロントガラスにおでこをぶつけんばかりにし、前をのぞき込むようにして走る人がいる。しかし、こいつはまったくナンセンスだ。人間とクルマではスピードの世界が違う。

50km／hで走っているクルマの2m先が見えたところで何の意味もない。1秒後にはもう14mも先を走っているのだから。2m先を気にして意味があるのは、駐車場など、2〜3km／hでジワジワ進んだり、バックしたりするときだけだ。

クルマは動いているものである。大事なのは見えることそれ自体でなく、見たモノを判断し、行動に移すまでの時間的余裕だ。ドライバーが危険と判断してから、ステアリングを切るなり、ブレーキを踏むなりの行動に移るまでに、少なくとも4〜5秒の余裕が欲しい。それだけの余裕があれば、ほぼ的確な判断と行動が取れる。

この余裕は視点の置き方で作り出せる。4〜5秒の時間を得るには、一般道を50km／hで走っているときは50〜60m先を、高速道路を100km／hのときはだいたい100〜150m先に視点を置けばよい。それだけ余裕があれば、いま前方で起きている事態が数秒後どうなるか、それ

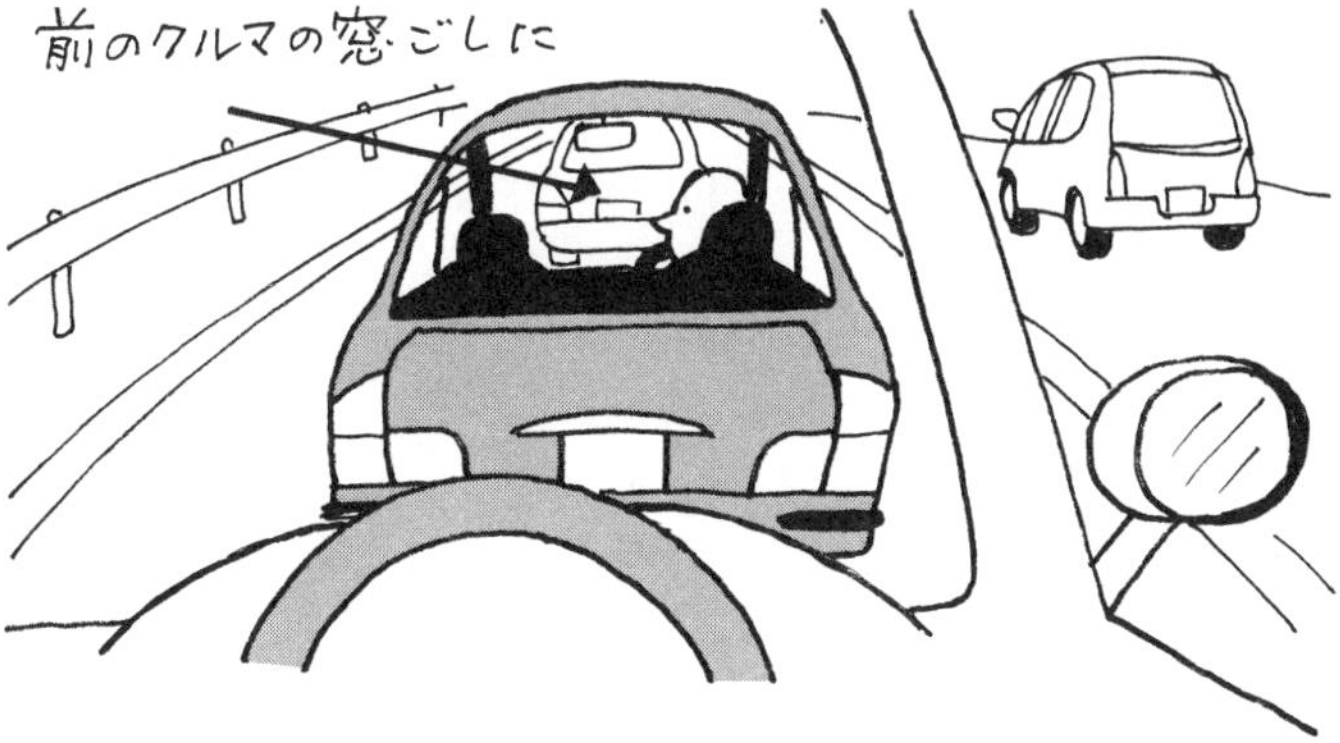

少しでも前を見る工夫をすること

を予測し、それに応じた行動を的確に起こすことができる。この余裕を確保するためには積極的に視界を得る工夫も必要だ。先行車の窓越しにその前を見る。大型車の後ろについてしまったら車間距離を長めにとる。そういう工夫をしても余裕を稼げないのなら、少しスピードを落とすしかない。むろん視点は同じところにばかり置かず、ときどきさらに遠くを見る。遠方で何か起きていると思ったら、スピードを落として対処する時間を稼げるからだ。

怖いのは気づくのが遅れて、事態に対処する時間がないことである。そんなときはかならずドキッとしてしまう。ドキッとすればあわてて失敗する。たいていの場合、ドキッとしたときはもう遅い。とっさのブレーキや回避を強いられるような事態は、極力避ける努力をすべきだ。

初心者が高速道路を怖がるのは、視点の置き方が近すぎるからである。100㎞／hというスピードを意識するあまり、ぶつかりはしないか、近づきすぎてはいないかと自分の直前直後にばかり視点がいってしまい、それに振り回され、ドキドキしてしまうのだ。もっと前を見ることである。

行動に移る前にミラーを見る習慣をつける

私は普通の人にくらべて、かなり後ろを気にしながら走るほうだと思う。前方7、後方3ぐらいで見ている。一般道で2分に一度、高速道路で1分に一度ぐらいはミラーを見る。このくらいちょくちょく後ろを見ていると、ときどき、さっきまで後ろにいたクルマがいなくなっていることに気づくということもある。とすると、そのクルマは斜め後ろのミラーの死角のあたりにいて、私を追い越そうとしているのかもしれない、と私は考える。とくに高速道路では、こういうことを気にしていると、ドキッとすることがずいぶんと減るだろう。

ミラーはまわりの情報を得るのに欠かせない道具だ。とくに何か行動を起こすときには、かならずミラーで後方を確認する習慣をつけておくことだ。車線変更や右左折の場合は、数十秒前からルームミラーで2〜3回にわたり後方全体を確認しておく。大丈夫そうだったらウインカーでまわりに意思表示をし、ドアミラーで斜め後方を確認、最後に目視をしてから行動に移る。ルームミラー↓ウインカー↓ドアミラー↓目視という順番をきちんと習慣化させてほしい。左折で怖いのがバイクを巻き込む事故だが、バイクはクルマをしのぐ加速があり、ルームミラーで確認したときは遠くにぽつんとあったはずが、交差点ではもう内側に並びかけているということがよくある。左折の場合は最後の最後にもう一度ドアミラーで左後方を確認するといい。

かくも役に立つミラーなのだから、調節もしっかりやること。まずはルームミラー。こいつは

ミラーには死角があるから注意

できるだけリアウインドウがいっぱいに映るよう調整する。次がドアミラー。右側はボディが4分の1程度映り込むようにする。左側はボディを3分の1程度入れて心持ち下向けに調整する。メインに使うルームミラーは距離感がつかめるのがいい。ドアミラーは距離感が異なって映るためアテにはならない。より広く見ようと、ルームミラーをワイドミラー（凸面鏡）に取り替えているドライバーがいるが、距離感がつかめなくなるので、よしたほうがいい。

ルームミラーは指紋などでよく汚れるから、つねに布などで磨き、曇りを取ってやる。私はクルマのボディはいくら汚れていてもさして気にならないが、ウインドウの汚れ、ミラーの汚れはやたら気になってならないほうだ。

四六時中、ミラーで後方を確認してばかりいる私だが、ミラーに絶対的信頼を置いているわけではない。斜め後方にルームミラー、ドアミラーの死角となる部分があるからだ。とくに左斜め後ろには、死角となってまったく見えなくなる部分がある。ミラーに顔を近づけてみれば少しは死角が減るが、やはり振り返って目視するのが正解だ。

第4章

一般道はこう走れ

広い道への合流

強く加速してすばやく本線の流れに乗る

なかなかにむずかしいのが、狭い路地からクルマが速いスピードで流れている3車線、2車線の国道への合流である。クルマの流れが切れたところで、強い加速を与えて合流するのだが、なにせこちらは0㎞/hからのスタートだが、本線は50〜60㎞/hで流れている。問題は、本線上を走るクルマとの距離がどのくらいあれば、安全かである。

本線に出て向きを変え、60㎞/hまで強く加速して流れに乗るのに、時間にして5〜6秒の余裕が欲しい。本線上を走る50㎞/hのクルマが6秒で進む距離は80m少々だが、こちらも速度を上げていくわけだから、相手との距離は50mもあれば十分だろう。クルマの鼻先を心持ち左に向けておいて、ウインカーを点灯したままタイミングを待つ。目の前を通りすぎたクルマのすぐ後ろにくっつくような感じでスタート、アクセルは強く踏み、スムーズに流れに乗るようにする。本線のスピードより1割がた速いぐらいのスピードまで加速する意識を持つ。

ここを安全運転よろしく、もったり加速していたのでは、後ろから来るクルマにブレーキを踏ませてしまう。合流して流れに乗るときは、毅然とクルマに強い加速を与えてやること。といっても、ステァリングを切りながらアクセルをベタ踏みするのは危険だ。アクセルを強く踏むのは本線上でクルマの姿勢をまっすぐにしてからだ。アクセルを踏み込んでいるときは、後ろよりも前をよく見ること。前方で渋滞が起きているのに、ルームミラーを気にしていて前方不注意、

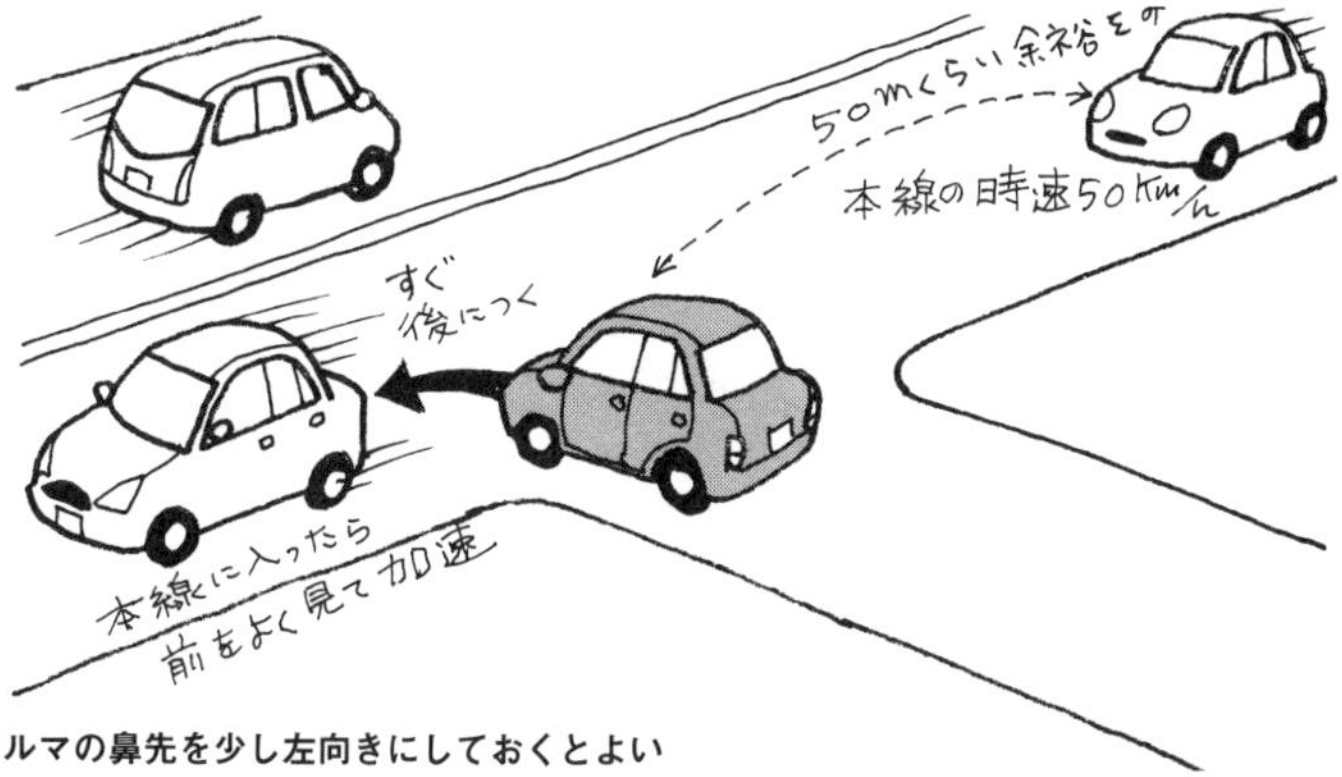

クルマの鼻先を少し左向きにしておくとよい

追突というのでは、目も当てられない。

きわめて困難なのが、まったく左右の見通しの利かない駐車場などから道路に出る場合だ。こいつはクルマの鼻先をほんの少しずつおずおずと出して様子をうかがうしかない。こちらが見るのではなく、相手にこちらを見せるのである。サイドウインドウを開けて音を聞くようにするといい。

ボディの3分の1程度が出れば、ある程度の見通しは利くし、そこまで出ていれば、かりにクルマが近づいてきていても、相手はかなり遠方からこちらを視認していて、スピードを落としているはずである。もし、鼻先を少し出した瞬間、折悪しく直前にクルマが来ていたら、そのドライバーは激しくクラクションを鳴らすだろう。しかし、それを怒ってはいけない。よくぞ気づいてくれましたと思えばよろしい。

私は女房殿とクルマでレストランなどに行き、見通しの悪い駐車場から道へ出る場合は、彼女を道路に立たせ、やってくるクルマの有無を確かめてもらう。そしてクルマを道路に出してから彼女を助手席に乗せる。安全のためには立っている者は親でも使えというわけだ。

加速しながら車線を移るのが基本だ

私はなるべく車線変更をしないように走る。車線変更はそれですむものなら、出発地から目的地まで、まったくしないですませたい。車線変更のたびに、ドライバーは事故を起こす危険を冒していることになるのだから、その回数は少ないほうがいいに決まっているのだ。

一般路で2車線の場合、教習所では左側車線を走るように教えるが、私はおおむね右側車線を走る。左側にはいきなり停車するタクシー、荷物の積みおろしをするトラック、違法駐車のクルマ、路地から本線に入ってこようとするクルマなどなど、車線変更を強いられる要因がいっぱいで、スムーズに走れないからだ。右側車線だと、右折車に進路をはばまれそうだが、昨今は街なかならおおかた右折レーンが完備されているので、まず問題はない。

3車線の場合は真んなかの車線を行く。3車線だと、いちばん右側の車線はスピードが速いが、そのまま右折レーンとなっていることが多く、不本意な車線変更を強いられる。真んなかは、たいていスピードが1割がた遅いが、ストレスがいちばん少なくてすむ。

しかし、いずれは右折、左折をしなければならないのだから、道路を走る以上、車線変更は避けて通れない。基本的に、右折、左折のための車線変更は、クルマのすいたところで、早めにすませておくことだが、そうもいっておれないのが昨今の道路事情である。

車線変更は、移ろうとする車線の流れより1割がた速めのスピードに加速しておこなうのが基

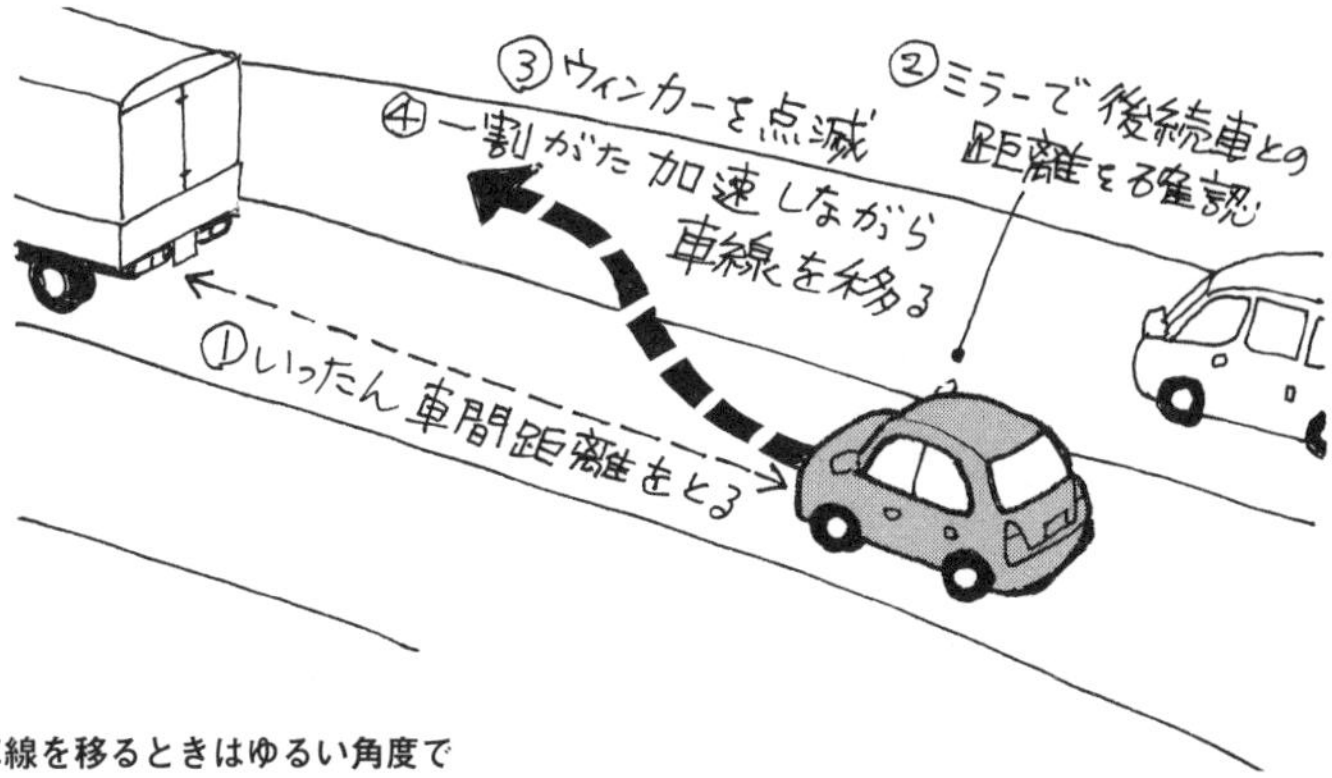
③ウィンカーを点滅
④一割がた加速しながら車線を移る
②ミラーで後続車との距離を確認
①いったん車間距離をとる

車線を移るときはゆるい角度で

本である。理由は簡単、自分のクルマは車線を横切りつつ斜めに走るからだ。ここを後ろから来るクルマと同じスピードで走っていたら、追いつかれてしまう。

大事なのは、自分のクルマの前に加速するスペースがあるかどうかだ。前のクルマがトロトロ走っていたら、いつまでたっても加速できない。そんなときは心持ちアクセルをゆるめて、加速のためのスペースを空けるといい。そしてルームミラーで右後方から来るクルマを確認、ウインカーを点灯し、つづいてサイドミラーで再確認、最後は目視で確認してからアクセルを踏んで加速、ゆるい角度で右側に移っていく。あわてて急角度で入る必要はない。こちらは加速しているのだから、右後方から来るクルマは相対的に同じ速度であり、いきなり追いついてはこない。

むしろ気をつけるべきは、移る側の車線の前にいるクルマだ。後ろばかり気にして、加速したまま先行車に追突というのでは目も当てられぬ。前方で渋滞がはじまっていたり、信号でクルマがつながっていたりしないか、移る側の車線の状況を前のほうまでよく見通しておくことである。

狭い道でのすれちがい1

前方の混雑に早めに気づく観察力が大切だ

私は基本的に、狭い商店街はできるかぎり通らないようにしている、とくに夕方は絶対に避ける。ふらふら進むママチャリ、駐車しているクルマの陰からいきなり飛び出す幼児など、夕方の商店街は危険がいっぱいである。剣呑なところには近づかないのがいちばんなのだ。

しかし、不案内な地方へ行ったりすると、こころならずも、そんなところを通らねばならなくなる場合がある。そういうごちゃごちゃしたところにかぎって、あいにく向こう側から路線バスが来てしまったりして、道が詰まってしまう。ところが、人間というのはおもしろいもので、なぜかそういうところでもクルマを進めてしまう傾向がある。かくして次々とクルマが押し寄せ、しまいににっちもさっちもいかなくなるというわけだ。

こういう混乱のなかに突っ込んでいって、進退きわまるのは最悪である。まずは前の様子がおかしいということに、早く気づくこと。いつも自分の前にいるクルマのそのさらに前がどうなっているか意識しつつ走っていれば、気づけるはずだ。手がかりはいろいろある。ふだん先を急ぎたがるタクシーが止まっていたり、バス停でもないのにバスが止まっていたりする。こうしたサインを見落とさないようにしたい。バスがいるとその前が見えないのでつい追い越したくなるものだが、なんの気なしに対向車線に出て追い抜いたら、その先にはクルマが詰まっていたということがよくある。こうして自分のクルマで対向車線をふさいでしまうと、混雑は一気に深刻化、

なるべく道幅の広いところで停まること

まわりのクルマに大迷惑をかけることになる。

おかしいな、と思ったら、いったん止まり、前の状況を確認しよう。そして、もし前方に混雑を確認したら、そこで止まったまま、事態の好転を待つことだ。あなたのところで事態の悪化を断ち切るのである。後ろからクラクションを鳴らされても、前に進んではいけない。

狭いところですれちがう自信がなかったら、先に相手を行かせてしまうのも手だ。いつでも使える手ではないが、とくに初心者のうちは下手に動くよりもずっといいだろう。山道でのすれちがいなどでどうにもならない状況に陥るのは、道路のどのあたりでどのようにすれちがうかというプランもないまま、漫然と進んでいってしまうからだ。困難な状況が予想されるときは、とりあえず相手を先に行かせる。パッシングランプで相手に、「お先にどうぞ」と合図してやるといい。

ただ大型バスのドライバーなど、職業運転手があなたに向かって「進んでくれ」と合図してきたら、相手を信用して躊躇なく進むこと。経験豊かなプロがそういうのだから、こちらが進まないかぎりすれちがえないということである。

狭い道でのすれちがい2

すれちがいは右側面を寄せ合うのがコツ

すれちがいの第1の原則は、少しでも道幅の広いところですれちがうこと。第2は、お互いのクルマを平行になるようにすることである。相手を先に行かせる場合も、電柱やら駐車中のクルマの横で止まったら、相手は進むに進めない。それでは道をふさいでいるだけだ。止まるなら、相手がスムーズに通れるようになるべく道路と平行に、左側に寄せて止まるようにする。

どうしても自分が前に進んですれちがわなければならないときは、それとは逆にクルマは右側ぎりぎりに相手のクルマに寄せるのがコツだ。お互いにゆっくり進んでいるし、また右ハンドルなら右側が視認できるから、ほんの数センチのところまでクルマを寄せ合うことができる。互いに離れようとすると、路傍においてある自転車をひっかけたり、電柱で左側をこすったりする。相手が通れても、こちらがこすってしまっては間尺に合わない。

手前に電柱などがあり、道路と平行にすれちがえない場合は、両方がクルマを斜めにもっていく。互いにクルマを道路に斜めに、かつクルマとクルマが平行になるようにする。すれちがうときは、あくまでこの平行を保つ。斜めに道を進むかたちになるが、それでもいい。相手のクルマの尻が通り抜けたら、スティアリングを切って道路にまっすぐにすればよろしい。

このとき、初心者や運転に自信のないドライバーのなかには、クルマを斜めにしたまま、さあ行ってくださいとばかりに、途中で止まってしまう人がいる。しかし、こういうときはお互いに

お互いに少しずつ進まないとすれちがえない

進まなければ、すれちがうことはできない。ま、こんなときは相手のドライバーが前に進めと合図してくるだろうが。

山道でのすれちがいは、上りを優先するのが原則だが、相手が大型トラックやバスの場合は、下りでもとりあえず相手を先に行かせよう。大型トラックやバスの坂道発進は乗用車とちがって大変なのだ。すれちがえないところで出くわしてしまったら、どちらかがバックしなければならない。そうなる前に窓を開け対向車のエンジン音を聞く。気がつけば、退避スペースで相手を待つことができる。

雪道でのすれちがいは、雪でできたわだちを不用意に乗り越えないように気をつける。深いわだちをクロスして乗り越えようとすると、スタック（車輪が埋まって空転し、出られなくなること）してしまう。車重の重い大型４ＷＤにかぎって、なんでこんなところでという場所でスタックしがちである。また、雪の多い地方では、地元のバスが遠くのほうで停止して、こちらに進むようパッシングしてくることも多い。そんなところですれちがうとスタックするぞという合図だ。地元のプロのいうことには従ったほうがよろしい。

歩行者や自転車に気をつけ右寄りを走る

夜は、対向車や後続車は昼間よりずっと見つけやすい。相手がランプを点けているのだから、当たり前だ。一方、昼間よりもずっと見つけづらくなっているのが、歩行者である。夜の市街地の道路では、私はセンターライン寄りを走るようにしている。道路の両端が暗く、自転車や歩行者など、何がひそんでいるかわからないからだ。50㎝でもいいから左側を空けて走れば、とっさの事態を回避できる可能性は高くなる。2車線あれば右側車線を走る。

対向車線のヘッドランプは、まともに見てしまうと数秒間目つぶしをくらわされた状態になるから、少し目をそらすようにする。こんなとき対向車のすぐ後ろから歩行者が飛び出してくるとお手上げだ。なにせ目つぶしをくらった状態なので、何も見えず、気づいたときはもう間に合わない。まぶしくて見えづらいと思ったら、そういう事態を警戒してスピードを落とすことだ。

もっと怖いのは対向車とこちらのヘッドランプの間に歩行者がいる場合だ。2車線で中央分離帯のある道路で、横断歩道を渡りきれなかった歩行者が中央に残ってしまう場合である。教習所で習う「蒸発現象」というヤツで、対向車の光につつまれた歩行者が見えなくなってしまうのだ。ところが、ランプの光を浴びている歩行者は、自分はクルマから見えていると確信している。「クルマはスピードを落としてくれるだろう」と思って、車線にふらっと出てくる。とにかく対向車が来たらスピードを落として慎重に進むほかない。

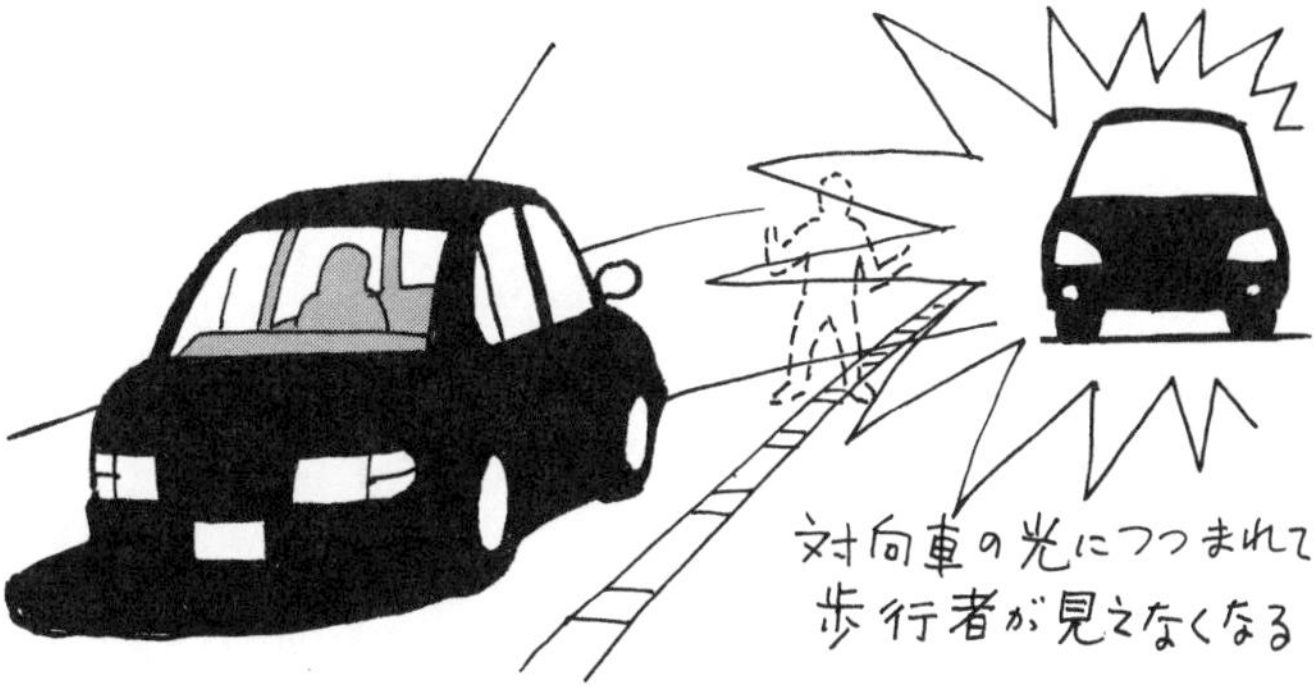
対向車の光につつまれて
歩行者が見えなくなる

いわゆる「蒸発現象」に注意

歩行者の飛び出しを警戒すべき場所としては、コンビニなど、かなり明るいところが要注意だ。その前後の暗がりが怖い。ドライバーの目にコンビニの明るい照明が入ると、その周辺の暗がりが見えづらくなる。またコンビニの周囲には深夜でも人がよく集まっていることを忘れてはいけない。

雨の降る夜は、きわめて危ない。対向車のライトが濡れた路面で乱反射して見えづらいし、自分のヘッドランプの光は雨に吸収されてしまうから、視野はますます狭くなる。こういうとき、工事現場でよく使われる鉄板を見落として、ツルッとスリップさせてしまったりする。雨に濡れた鉄板ほど剣呑なものはないのだ。

対策としてはヘッドランプをより明るいものにすることだ。最近普及してきたディスチャージランプ（ＨＩＤとかキセノンランプともいう）やＬＥＤランプはとても明るく、消費電力は少なく、しかもその寿命は半永久的といいことずくめである。新車購入のさいも今やたいてい標準装備がオプション設定で用意されている。古いクルマなら、ディーラーやカー用品店で後づけしてもらうといいだろう。

裏道・抜け道

裏道を抜けるのは絶対にやめるべきだ

いまや渋滞は日常茶飯事となった。こいつは大都市より、むしろ地方都市のほうがひどい。鉄道、バスなどの公共交通機関が衰退しており、ほとんどの人が通勤や買い物にクルマを使わざるをえないため、狭い道にクルマがあふれかえってしまう。

そんなわけで、急いでいるドライバーはどうしても幹線道路から裏道に入りたくなる。いわゆる抜け道というヤツだ。こいつが危ない。抜け道は、そのおおかたが住宅街の生活道路だ。とくに通勤、通学時には子供や自転車がいつ飛び出してくるか知れない。児童の列に暴走車が突っ込んだなどという惨劇はたいてい、こうした生活路で起きる。なかにはスクールゾーンの表示を守らない不届き者までいるから始末に負えない。だいたい考えてもみるがいい。自分の家の前すれすれを、どこの馬の骨とも知れぬクルマに猛スピードで走り抜けられて、いい気分になるハズがないじゃないか。

ところが、である。需要があれば供給があるのは世の習いで、一部のクルマ雑誌には、生活路に入り込むことを奨励するような抜け道ガイドが記事になったり、抜け道ガイド本なるものが売られている。こんなものに絶対に頼ってはいけない。

私はいかに渋滞が激しくても、安易に抜け道を探して、裏道に入ったりしないことにしている。そもそも道を探しながら走るのはきわめて危険だ。注意力が分散してしまい、通い慣れた道なら

沿線の住民の迷惑を考えるべきだ

すぐに気づくことに気づけない。警察の調書に、「前方不注意」などと記されることになる。少々時間がかかっても、幹線道路の渋滞に甘んじる。いまは携帯電話という便利なものがあるから、遅れそうなときはクルマを停めて、そいつで相手に連絡を入れればいいのだ。

それにうかつに抜け道を行こうとすると、ドツボにはまることが多々ある。クルマの場合、「急がば回れ」という格言は当てはまらない。幹線道路に戻ろうとしても、一方通行の連続でどんどん遠ざけられてしまい、かえって時間がかかってしまったり、右折も左折もならず、行き当たった先が行き止まりで、えんえん１００ｍをバックで戻ったりなどということになる。また、当たり前だが、裏道だって渋滞する。幹線道路が混雑しているときはたいていの場合、裏道はもっと渋滞しているし、いったん裏道の渋滞にはまったら、道が細くてUターンもできないから、もう抜け出すことはできない。結局、元の道を行ったほうがずっと早かったということになる。解消しない渋滞はない。かならずクルマは動きだす。知らない裏道より慣れた幹線道路である。

先行車・後続車

タクシーやトラックの後ろはなるべく避ける

私は選べるのであれば、なるべく乗用車の後ろを走るようにしている。それもあまり背の高くない、小型車やセダンである。タクシーや営業用のクルマではなく、運転のうまいファミリーカーの後ろのほうが望ましい。

その理由のひとつは、前が見やすいからだ。前に書いたように、一般道で運転するさいは、4秒から5秒先の自分のクルマの位置を見通せるのが理想である。つまり、50〜60m先は見通したい。しかし、実際にはそれだけの車間距離をとって走ることはむずかしいので、先行車の窓越しにさらに前にいるクルマのブレーキランプを見たりするのだが、それがトラックやミニバンのように背の高いクルマではやりにくい。自分のクルマの走る位置を少し右側にずらして前方を確認するという手もあるが、幅の広くて長い大型トラックだったら、それもできない。こういう場合は仕方がないので、車間距離を長めにとって走るしかない。

先行車をえり好みするもう一つの理由は、職業運転手が運転するクルマは、突然路肩に寄って止まることがあるからである。たとえばコンビニのマークの入ったトラックは、コンビニの前に止まって荷物の積みおろしをする。郵便車もポストの前に止まるだろう。これらのクルマはまだ、止まる場所の予測がつくし、止まるときもかなり前から合図を出してくれるからいいといえる。

しかし、タクシーは予測もしないところで、ときには強引に左側に寄って止まり、客を拾うこと

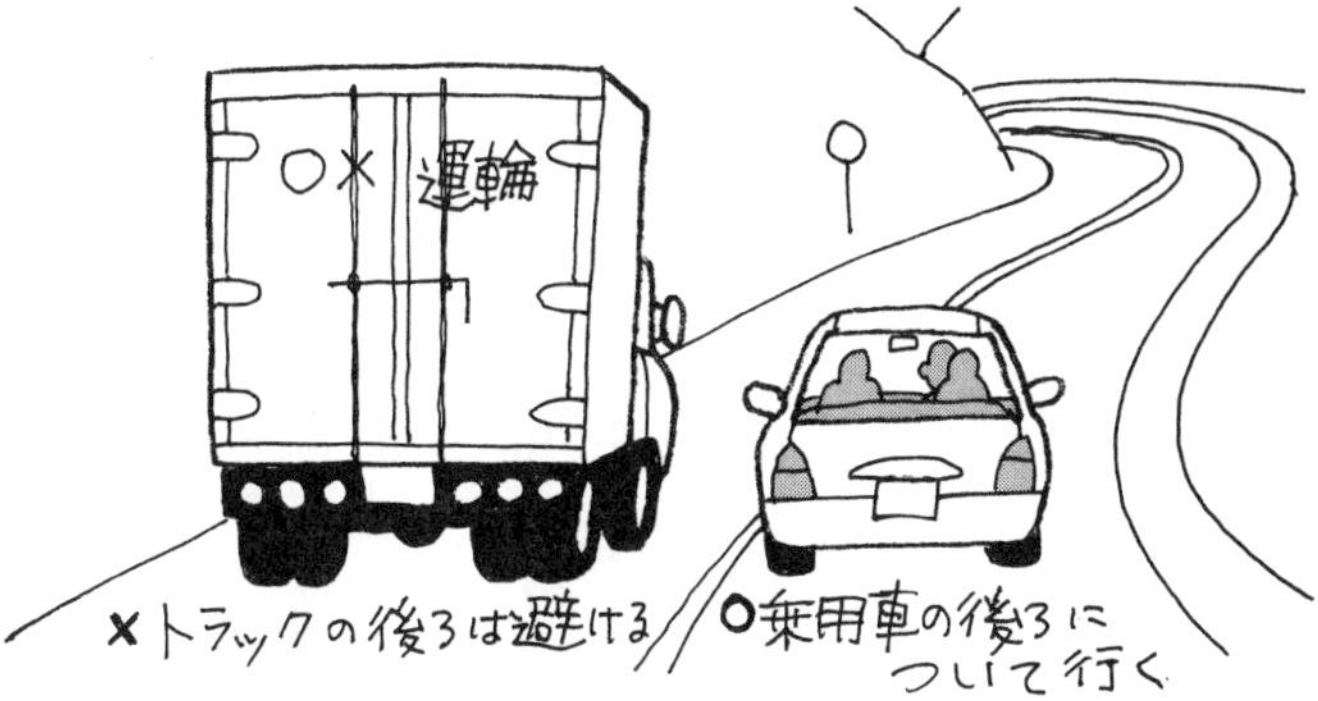
○×運輸
×トラックの後ろは避ける
○乗用車の後ろについて行く

視界を妨げる先行車は避けたい

がある。こんなとき、その直後を走っていると驚かされるし、車間距離が詰まっていれば追い越しもできなくなってしまうので、後ろに止まり、タクシーが走りはじめるか、クルマの流れがとぎれるのを待つしかなくなってしまう。タクシーの後ろについた場合は、こういう事態を見越して、やはり少し車間距離を長めにとったほうがいい。

　また、これは先行車ではないが、営業用のライトバンやワンボックスは、ときどき後ろからあおってくることがある。これはおそらく、時間までにものを取引先に届けなければならないといったような、急ぐ事情があるのだろう。こういうクルマとは競ったりせずに、さっさと道をゆずってやることである。バスや大型トラックなど、営業車にはなるべく道を譲ってあげるべきだ。こいつは社会的マナーである。

　一般道は歩行者もいれば信号もあり、わきから飛び出してくる自転車もいる。注意しなければならない要素が多いのだから、できれば先行車は視界を妨げない、妙な動きをしないクルマであってほしい。それが無理であれば、それなりの心構えと対策が必要だ。

二輪車

とにかく先に行かせるしか手はない

昨今、増えてきたのが250〜400cc級の大型スクーターバイクだ。私が自宅から事務所まで通っている国道246号線など、この手のスクーターの巣窟で、ウンカのごとくウヨウヨと走っている。信号待ちなどでこいつに取り囲まれると、なんともうざったい。両足をおっぴらいたまま右に左にチョロチョロと、車線などあってなきがごとし、危なくてしょうがない。クルマとクルマのあいだに無理やり割り込んで少しでも前に進もうとする。

といって、クルマの側にこれらバイクに対抗するすべがあるかといえば、まったくないのだ。バイクが近づいてきたら、とにもかくにも行かせてしまうしかない。バイクが近くにいるときは、それこそ腫れ物に触るようにして、急なハンドル操作をしないこと。バイクは周囲を走るクルマがまっすぐ進むものと信じ込んでおり、前しか見ていない。まかりまちがっても並んで競り合ったりしないこと。意地を張って信号グランプリなどやらかし、ちょっとでもひっかけたら、たちまちクルマは加害者となってしまう。私はバイクが横転して、ライダーがピクリともせずに横たわっている事故直後の現場を何度か目撃したが、交通事故は、いったん起こしてしまうと被害者にとっても加害者にとっても、悲惨な結果になる。

ま、彼らがクルマの前に出ようとする気持ちはわからないでもない。本来はバイクもクルマと同じく、道路上にそれぞれ1台ぶんのスペースをとって、整然と走るのが理想的だ。しかし、クルマのドライバー側には、バイクにスペースを与えようという意識はなく、後ろや右左からスペースを詰める。バイク側もバイク側で、それではクルマと同じく渋滞を耐えねばならず、バイクに乗っている意味がなくなってしまう。だから、信号待ちでとにかく前に出て、車群から逃れようとする。そんなわけで、日本の都市では、ベトナムやインドネシアあたりと同じ、アジア的混合交通の混乱が日々くりひろげられる。

　また、バイクはあっという間に近づいてきて、気づかぬうちに左横に入り込まれていることもよくある。バイクは速い。下手をすれば、ポルシェなんぞ屁でもない加速をする。それに気づかずクルマを左に寄せ、ドアを開けるとガシャーンだ。また道路の右側車線が工事中だからとクルマを左側に寄せていくと、知らぬうちに左側にいたバイクに幅寄せしていたりすることもある。これらは早めにウインカーを出してバイクに警告を発することである程度は防げるが、クルマの免許を持っていないライダーも多く、彼らにはウインカーの意味も馬耳東風であろう。右左折や車線変更の前には、ミラーと目視でよくよく二輪車に注意を払うことである。

二輪車に対抗するすべはない

歩行者・自転車

左折時に左側から突如現れる自転車に注意

自転車に乗っている人はたいがい、自分を歩行者と同じつもりでいる。歩くのとはくらべものにならない50ccバイク並みのスピードで走るくせに、あくまで意識は歩行者なのだ。実は自転車は軽車両であって、本来、道路交通法で規制されるものだが、自転車側にその自覚はまったくない。また、多くの自転車乗りはクルマの免許を持っておらず、クルマがどういうものだかほとんどわかっていない。安全運転や交通マナーを自転車に期待するのは無理と考えたほうがいい。

荷物をかごに満載して、ヨロヨロ、ヘロヘロのママチャリはまだいい。歩行者の間を縫うようにして、スイスイ走ってくるケースがもっとも危ない。歩行者の陰に隠れて存在が見えづらいし、彼らは横断歩道の信号が青ならば、とにかく通り抜けようといさいかまわず交差点に入ってくる。これが怖いのだ。まったく音もせず、スーッと思いもかけぬスピードでいきなり歩道から横断歩道に突っ込んでくる。気がついたときはもう遅い。

とくに危ないのが左折時だ。運転しているほうはバイクが左後方から来ないか、何度も確認し、さあ大丈夫と左折を開始する。すると、左側の歩道からいきなり自転車が現れて、ボディ側面にガシャーンと激突される、というパターンである。タイミングが悪いと、いかにクルマが低速でも相手は大ケガをする。視界の外から音もなくやってくるのだが、この場合は、自転車は信号が青だから渡ったのであり、したがって悪いのは全面的にクルマの側である。これを避けるため、

歩行者は案外クルマを見ていないもの

交差点を左折するとき、私はかならず左側の歩道を自分の目で確かめるようにしている。いちいち体をひねって、首を曲げ、自転車が来ないかどうか、確認するのだ。

横断歩道では、当然歩行者とも接近することになるが、歩行者の視線にも注意することだ。歩行者の視線がこちらを向いていれば、まず大過なしと思っていいが、こちらを見ていない場合はおおいに剣呑である。

とくに危ないのは携帯電話で会話あるいはメールに夢中になりながら、横断してくるうら若き女性である。こういうケータイ女はまったく何も見ておらず、停まっているクルマにぶつかってくる。そして、極悪人でも見つけたかのように、ドライバーを睨みつけるのである。もう苦笑いでもするしかない。とにかく交差点では、自転車、歩行者がいたらあきらめることだ。歩行者様がお通り過ぎになるのをじっと堪えて待つばかりだ。

たとえ相手が信号無視をしようが、横断歩道上で歩行者と事故を起こすと、クルマ側の問われる責任は多大である。長いものと歩行者には巻かれるしかない。

子供を乗せる

じっとしていない子供にはそれなりの対策を

6歳未満の子供にはチャイルドシートの着用が義務づけられている。これは当然である。チャイルドシートは年齢に合わせて、何度か替えていかなければならず、出費もバカにならないが、こいつはいたしかたあるまい。よく、赤ん坊を抱いてフロントシートに座るお母さんがいるが、とんでもないことだ。いったん事故を起こすと、簡単にお母さんの手はふりほどかれ、赤ん坊は飛んでいってしまう。そうでなければエアバッグで押しつぶされ、首の骨を折ったりする。

チャイルドシート着用の義務がなくなっても、子供には十分注意を払いたい。なにせ子供というヤツは、あれこれ触りたくて始末に負えない生き物である。4ドアのクルマは勝手にドアを開けられないよう、後ろのドアにはチャイルドプルーフロックをして、外側からしか開かないようにする。パワーウインドウもロックする。むろんシートベルトは必須である。子供にとってはクルマのなかでじっとしているのは苦行でしかない。こまめに休憩をとって解放してやることだ。

よく、SUVやミニバンの後部座席で、子供のしたい放題にさせているドライバーがいるが、絶対にやめるべきだ。いったん事故となれば、クルマはゴロゴロと横転、ドアが開いて外に放り出され、一巻の終わりである。事故のエネルギーはものすごく、ドアが開かなくとも大の大人が窓を突き破って、放り出されるぐらいなのだ。

危ないのはミニバンのスライドドアである。とくに右側にスライドドアのあるクルマは要注意

こんなこと、絶対にしてはいけない

だ。子供はドアが開くと、前後の見境なしにポンと飛び出す。ところがスライドドアというヤツは、後続車からドアが開いたことがわからない。右側をすりぬけようとしたクルマにドンとはねられて、悲惨なことになる。逆にいえば、スライドドアのミニバンが停まったら、後続のドライバーは注意せよということでもある。

また子供は後方確認などまったく頭にないから、いきなりドアを開く。降ろすときは左側ギリギリに寄せて停まらないと、左側からやってくるバイクや自転車に突っ込まれる。赤信号などであわてて子供を降ろすドライバーがいるが、子供のいるときは道路の左側ギリギリに寄せ、大人が後方を確認してからドアを開けるのが原則だ。

ときにクルマをベビーサークルがわりにして、赤ん坊をクルマのなかに閉じこめてパチンコに興ずるというバカ者がいる。炎天下に放置されたクルマのなかは一気に温度が上昇し、赤ん坊は脱水症状を起こして死ぬ。赤ん坊でなくても子供はクルマのなかに残さないこと。面倒でも一緒に手をひいていくことだ。それが大人の役目じゃないか。

事故のパターン

知識として知っておくだけで避けられる事故がある

空から隕石が降ってくるような、よほどの不運でもないかぎり、おおかたの事故は起こるべくして起こっている。原因と結果の因果関係がはっきりしているのである。

いわゆるサンキュー事故というヤツがある。交差点で自分の車線が渋滞中、対向車線で右折待ちをしているクルマにパッシングして曲がらせてやる。そこに自車の左からバイクがすり抜けてきて交差点を直進、右折車と衝突するというものだ。こういう事故は起きてしまってから、なるほどそうかと思わされる。しかし、これは数限りなく繰り返された、よくあるパターンなのである。起きてしまってから知るより、起きる前に事故のパターンを知っておくことだ。

狭い道で、前からおばさんの自転車がよたよた来る。こちらを見て止まったので、横を通り抜けようとしたら、いきなり自転車ごと倒れてくるというケース。おばさんは足をついて止まろうとしたが、ちょうど自転車が傾斜した鉄板の上にあって、足が届かなかったのだ。自転車とすれちがうときは、即時停止できるぐらいの徐行でいかないと危ない。

信号で前のクルマが黄色信号で行くから、続いていこうとアクセルを踏んだら、突如、急停止されて追突というケース。おおかた前のクルマがビギナーか、運転に自信を失いつつある老人ドライバーである。前を走るクルマがどんなドライバーかよく観察しておくことだ。

前を行くトラックが大きく右に寄った。右折すると思ったので、左側を抜けようとしたらいき

「ありがちな事故」の加害者にならぬよう

なり左側のウインカーを点灯、左に曲がってきて衝突というケース。トラックは最初から左折しようとしていたのだ。左折路が鋭角に切れ込んでいるため、内輪差のぶん、いったん右に寄せたのである。

昨今多いのは交差点の横断歩道で自転車をハネるケースだ。左折で歩行者が横断したのをやりすごし、アクセルを踏んだら、突如左側から自転車が突っ込んできて、ガシャーンとぶつかる。自転車は、横断信号の点滅がはじまったのを見て、急いで渡ってしまおうと突っ込んでくる。

これらは全国で、何度も繰り返されてきたパターンである。本来ならこうしたパターンは教習所の教則本で徹底して教えるべきなのだが、時間の制限もありごくごく一部のケースしか教えていない。こういうことを聞いたことがあるというだけでも、事故を起こさずにすむと思うのだが。

トヨタやホンダあたりのメーカーや、ＪＡＦなどでは交通安全教育に力を入れており、事故パターンを分析したなかなかすぐれた教則本を作っている。機会があれば手に入れて、よく読んでおくといいだろう。

確認動作のクセをつければ運転は安全になる

安全運転とは、ただゆっくり走ることではない。高速道路を最低制限速度ギリギリで走るなど、むしろ危険運転だ。細い道から幹線道路への進入をモタモタやるのもこれまた危険である。ゆっくりやるから自分は大丈夫などと唯我独尊的に考えていたら、周囲の人はたまったものではない。長い坂道での追い越しをのんびりやっていたら、日本中の山道が正面衝突だらけになってしまうではないか。

ゆっくり＝安全運転というイメージが定着してしまったのは、警察の事故調書が何かというと事故原因を「スピードの出し過ぎ」と、安易に決めつけてきたからであろう。ゆっくり走るのが絶対安全ならば歩けばよろしい。それでも歩行者は事故にあう。私の叔母は歩いていて自転車にはねられて死んでしまった。

絶対に事故を起こさないといい切れる人はいない。しかし、うまいドライバーはほとんど事故を起こさないが、起こすドライバーはいくらゆっくり走っても起こす。むしろ大事なのはスピードに合わせた安全確認である。私は歩道を歩いているときでも、後ろを振り返ってから、自分の歩いている「車線」を変えるようにしている。いつなんどき自転車が脇をすり抜けていくかわからないではないか。歩いていてさえ後方確認するようになったのは、長年の運転生活のたまものである。こうしたちょっとしたクセをつけることが、大きな事故を未然に防止してくれる。

いくらゆっくり走っても事故を起こすドライバーもいる

私は夜、住宅地を走るときは上向きライトを多用する。むろん対向車のあるときは下げるが、こいつは遠くまで見通せるだけでなく、離れたところにいるクルマや人に、私のクルマが近づいていることを伝えてくれるからだ。

ルームミラーは、高速道路でも一般路でも、それこそ神経質なぐらい見ている。だから、突然、後ろにトラックが来ていてあおられたなどということはない。こいつも長年の運転で身についたクセである。また、商店街などの狭く、いつ何が飛び出してくるかわからないところでは、商店のショウウインドウに映っているものをよく見る。物陰にかくれているものが見えるからだ。

乗客の乗降で停まっているバスを抜くときは、かならずバスの床下をのぞき込んで、道路を横断しようとする乗客の足が見えないか確かめるようにしている。

ひとつひとつはたいしたことではないかもしれない。しかし、こうしたこまめなチェックをするクセを積み重ねることで、この年になるまで大過なくクルマをドライブしてこられたのだと思う。

第5章

駐車をラクにする知恵とテクニック

駐車の知恵

出かける前からどこに停めるか考えておく

私はクルマでどこかへ出かけるときは、かならず事前に駐車場の有無を確かめる。もし、クルマを置く場所がない場合、また駐車場があっても満車で使えそうもない場合は、クルマはあきらめて電車かタクシーで行くようにしている。初めて訪ねる場所で駐車場を探してウロウロするのはイヤだし、だからといって路上駐車するのはもっとイヤなのだ。また、そうやって公共交通機関で来たときに、ついでにその施設の駐車場への入り方（右折で入庫できるかどうかなど）や混雑具合、駐車スペースの広さなどをチェックしておくと、次に来るときの参考になる。

東京23区全域は基本的に路上駐車禁止である。ムチャクチャといえば、こんなムチャクチャな話はない。だってクルマは停めなければ使えないのだから。しかし、東京の道路事情を考えれば、それもいたしかたないかなと思う。そこで私は法外な駐車料金を払い、かならず駐車場に入れるようにしている。いつもこのバカッ高い駐車料金をなんとかしろよと腹が立つのだが。

さらに、高いだけならまだしも、駐車場にはスペースに余裕がなくいたって使いにくい。まず、おおかたがバックでなければ入れない。クルマ1台あたりのスペースが極端にかぎられているからだ。ようやく入ったら入ったで、ドアを開くと隣のクルマにコツンとぶつかる。身をよじらなければクルマから出られない。住宅地に多い時間ぎめのコインパーキングもやたら入れにくい。なかには上り坂をバックしながらステアリングを切り、段差を乗り越えて入るなどという、ア

駐車場を探してウロウロするのはイヤなもの

クロバットまがいを強いるところさえある。土地の値段が高いから仕方がないのかもしれないが、そうかと思うとすぐ近くにずっと停めやすい駐車場があったりする。

駐車が苦手なドライバーにまずオススメしたいのは、自分なりに駐車しやすいお気に入りの駐車場を何カ所か探しておくことだ。私がよく使うのは一流ホテルの駐車場だ。駐車料金はバカッ高いが、1台あたりのスペースが余裕をもって作られているから、小技を弄することなく、のびのびと停められる。東京駅前の地下駐車場も停めやすく、よく使う。

最近は駐車に便利な装置も普及している。後方のようすをモニターに映すリアカメラ、障害物の接近を知らせてくれるバックソナーといったものだ。後方視界の悪いSUVやミニバンではとくに助かる。また、これのおかげでぎりぎりまでバックで寄せられるので、切り返しの必要な狭い駐車場では重宝する。車種によっては縦列やバックの駐車を自動でやってくれるシステムが付けられるのもある。とはいえ、こいつも駐車場の状況によっては使えず、万能ではない。今のところはどうしても、自分で駐車できる技術が必要なのだ。

狭い駐車場1

まずはバックがきちんとできないとダメ

アメリカのスーパーマーケットに行くと、駐車はごく簡単だ。広いスペースに白線が斜めに引かれており、そこに頭から突っ込んで停め、出るときもそのまま前から出ていく。これに対して日本ではほとんどの駐車場はバック駐車である。地方のホームセンターなどに斜め駐車があるが、それは例外。コインパーキングにせよ、デパートの駐車場にせよ、おおかたバック駐車を前提とした設計になっている。狭くて前からは突っ込めないが、バックで入れば内輪差にわずらわされずにボディを深く切り込め、白線内にギリギリクルマをおさめられるからだ。

狭いところに駐車するには、まず、このバックが確実にできるようにすること。バックの基本はミラーに頼らず、後方を自分の目で直接確認しながら進むことだ。私のように年をとったドライバーは、固い身体をひねるのがおっくうで、ついついバック駐車をルームミラーとドアミラーだけでチョイチョイとすませようとしがちだが、それではクルマはきれいにおさまってくれない。それに、ミラーだけのバックは、振り返って見るのに比べてあまりに死角が多く、危険である。

バックするときは、身体をひねって左手で助手席のバックレストを抱えこみ、右手はステアリングを上から押さえ、その姿勢でリアウインドウを通して後方を見ながら、ゆっくりおこなう。大事なのは、ゆっくりということと、ちゃんと視線を進行方向に向けることだ。

クルマというのはおもしろいもので、コーナーを進むときも、バックするときも、視線の方向

後方の一点を見定めてバックする

に進むモノなのである。視線をしっかり後方に定めておけば、クルマはきれいにバックしてくれる。またミラーに頼らぬ直視だから、後ろの壁などとの距離も正確に測れる。

バックに自信のない人は、一度、他にクルマのない広い空き地などで、50〜60m程度バックで直進する練習をするといい。コツは簡単。スティアリングをしっかり押さえ、後方の一点に視点を定めるだけだ。右手がぶれなければ、クルマはよれずにまっすぐバックする。

あなたは自宅の駐車場にクルマを入れるとき、その場所だけの特殊な目印を頼りに、ミラーだけで小修正を繰り返しながらバックしていないだろうか。ここはひとつおっくうがらずに、身体をひねって自分の目で後方を視認しながらやってほしい。

また、こいつは駐車とは異なるが、ときに道に迷ったときなど、狭くて方向転換ができず、えんえん何十mもバックで戻らなければならなくなることもある。バックはドライブの基本の一つだから、妙なクセのついた人はいまのうちに修正しておくことだ。

バックか前進か、判断基準を知っておこう

前項で記したように、ラインが斜めに引かれている駐車場では前進駐車で入れる。以前、斜めに線が引かれているところを、わざわざバック駐車しようと大汗をかいてるドライバーを見たことがあるが、こいつは何とかの一つ覚えというやつだ。まったくムダである。

線が斜めでなくとも、前進駐車で入れる駐車場なら、それで入れてしまえばよろしい。日本人というのは妙に几帳面なところがあって、駐車場はバックで入れなければならないと思いこんでいる人が多い。いざというとき、すぐに発進できるようにというのだろうが、何も好きこのんで苦労する必要はありませんよ。前進駐車できるか否かを見極める基準は、駐車スペースの幅と通路の幅の関係にあるのだ。当たり前の話だが、バック駐車でも前進駐車でも、ステアリングを切ってクルマを動かすときは、前輪の側のほうが左右に大きく動き、後輪は左右方向にはほとんど振れない。このため、スペースの広い側に前輪が来るように停めるのが正解なのだ。

デパートの駐車場などは、通路には左右幅があるが、駐車スペースはいたって狭い。こういうところはバックで停めるしかない。駐車場によっては植え込みを排ガスから保護するため、前進駐車で入れてくださいと指定しているところがあるが、こういうところはたいてい、駐車スペースの横幅に余裕をとってある。

このほか、駐車場の入り口の正面にある駐車スペースなら、頭から入れたほうがいいだろうし、

事前の判断を誤ると……

上り坂になっている駐車スペースも、頭から入れたほうが入りやすいし、出るときも楽だ。

バックでも前進でも、クルマはラインと平行に、右や左に寄らないように停めるのが原則だ。斜めになっていたり、妙に片側に寄っていると、他のクルマの迷惑になるのはむろんだが、それより自分のクルマが傷つけられる。なにせ左右のスペースが狭いので、隣のドアをぶつけられるのである。

私は狭いスペースに駐車するときは、かならず隣のクルマが右ハンドルか、左ハンドルかを確かめ、それに合わせて左右のスペースを調整する。むろんクルマにドアをぶつけられないためである。逆にいくら注意していても、ドアを開いたときコツンとやってしまうことがある。こいつが気になるようだったら、少々カッコ悪いが、ドアのもっともぶつかりやすいところに樹脂製のカバーをつけることだ。これなら多少強くぶつかっても相手のクルマを傷つけることはない。

ともあれ日本の駐車場は狭い。もし、駐車スペースが空いているならば、なるべく隣にクルマのないところ、あるいはいちばん端の駐車スペースに停めるようオススメする。

内輪差がないことを最大限利用する

さて、いよいよバック駐車である。バック駐車のツボは内輪差のないことにある。バックしながらスティアリングを切ると、前輪はかならず後輪の外側を通るのだ。まずはこいつを頭に入れておくことだ。かりにスティアリングを右に切ってバックする場合、右前輪は右後輪のかなり外側を通る。すなわち右隣のクルマにギリギリに寄せ、右に切ったままバックすれば、右側にはぶつからないということ。そして、駐車スペースの横幅はクルマのサイズよりは大きいのだから、右側がぎりぎりで入ってしまえば、左側は若干の余裕をもって入るということである。

通路を通ってきて、右側にある駐車スペースにバックで入れるとしよう。まず、通路を進み、運転席が駐車スペースの前を通り過ぎたあたりで、スティアリングを大きく左に切り、すぐ切り返し、スティアリングをまっすぐにして停止する。駐車スペースに対して、クルマは斜めになっている。バックレストを抱えて後ろを振り返り、リアウインドウから見ながら、ゆっくりバックする。自分のクルマの右後ろが右隣のクルマの左フェンダーをかすめたあたりでスティアリングを一気に右に切り、ゆっくりバック。クルマが駐車スペースのラインと平行になったところで、スティアリングをまっすぐに戻す。

ここでクルマの姿勢が斜めになっていたり、左右に寄りすぎているようだったら、少し前進して切り返し、再びバックして所定の位置に停める。これで完了である。ツボは右側の見切りで、

駐車スペースの横幅が
狭いときはバック駐車
右側ギリギリに寄せる
窓を開け、右後端をよく見る

ボディの右後ろが隣のクルマ（あるいは柱など）とギリギリでも、バックするかぎりは接触しないということだ。それは直接窓から首を出して確認できる。ボディの左後ろは直接目では確かめられないが、最近のクルマは運転席からミラーの微調整ができるから、ミラーを下げて左後部がどうなっているか確認すればいい。最初のうちは車幅感覚を養うためにも、クルマから降りて左後ろの状態を確認するといい。

気をつけるのは、バックして曲がるさい、ボディ前部が外側に大きく動くことである。駐車スペースからあまり離れて横づけすると、ボディ先端がバックしているうちに外側へ大きく動き、前に駐車しているクルマや柱にぶつかる。

もし通路が狭かったら、何度か切り返しが必要だ。駐車スペースに直角に近い角度でアプローチすることになるので、この場合は左後方がぶつかりそうになることに気をつける。そうなったらいったん前に出てやり直す。ひとたび尻をこじ入れてしまえば、あとは簡単だ。ボディが斜めになってもかまわない。何度か切り返し、最後にボディを駐車ラインと平行にすればよろしい。

縦列駐車

前のクルマとぶつからんばかりにスパッと

駐車のなかでいちばんむずかしいのが縦列駐車だ。それだけにこいつが一発で決まったときは実に気分がいい。うら若き女性を助手席に乗せているときなど、天下を取った気分になれる。

縦列駐車はパーキングメーターのあるところで路上駐車するさいにおこなうわけだが、実をいうと、停めるさいにボディが道路の右側にはみ出して車線をふさぐから、東京のように交通量の多い道路でやるのはちょっと困難である。

先に実践的なことを申し上げると、私の場合、路上パーキングでは2台ぶんのスペースが空いているところを見つけて、そのまま前から突っ込むことが多い。クルマのアタマを左ギリギリまで寄せて入れる。そして2〜3回切り返して姿勢をまっすぐにし、全体を左側に寄せる。縦列駐車を一発で決めたいところだが、交通量の多いところでは、信号の切れ目など、よほどタイミングが合わないと無理である。2台ぶんの空きがあるならそれを利用しない手はない。

とはいえ、縦列ができると助かることは間違いないので、次にその手順とコツを。

(1)まず、クルマを前のクルマの横40〜50cmほどのところに並べる。平行でも、図のように斜めでもどちらでもよい。(2)バックしつつゆっくりとステイアリングを左に切り、自車が前のクルマの右後端30〜40cmくらいのところを通るようにする。(3)運転席が前のクルマのリアホイールを通過するあたりで、ステイアリングをいっぱいまで切り、(4)お尻を空いたスペースへ向けて、すぐにスティアリングをまっすぐに直す。そのままさらにバックする。⑸左のフロントフェンダーが前のクルマのリアフェンダーを過ぎる直前、スティアリングを今度は右いっぱいに切り、そのままバック。これでクルマはすっぽりおさまる。あとは微調整しておしまいだ。ポイントは、右いっぱいにスティアリングを切るタイミングである。前のクルマとほとんど接触するぐらいの感覚で、スパッといかなければダメだ。ここで怖がってスティアリングを切り遅れると、クルマがスペースにおさまる前に左後輪が縁石に触れてしまう。そうなったらスティアリングをまっすぐにして少し前進、再び右いっぱいに切ってバックすればよい。

縦列が一発で決まったときは、スティアリングを右に切ったままにしておけば、そのまま出ていける。当たり前のことだが、縦列駐車は、縦列駐車のスペースからスティアリングを右に切って前に出ていくときの、逆のことをおこなっているだけなのだ。むずかしく考えるより、手順を覚えたらあとは実践するに限る。

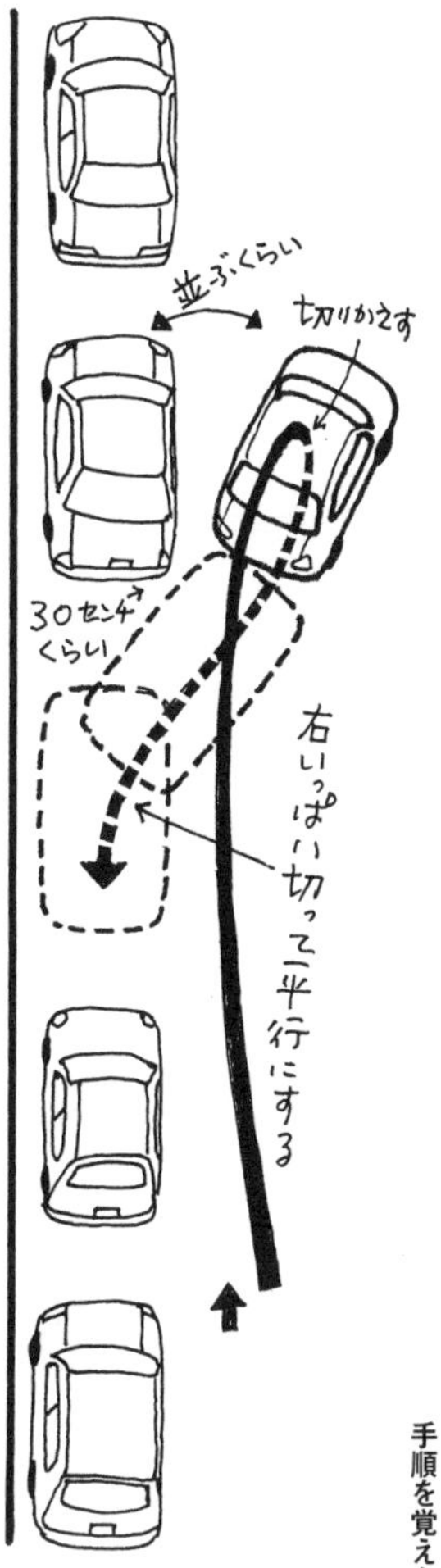

手順を覚えたら実践あるのみ

駐車の小技あれこれ

2段パレット式克服法など役に立つ技

都会でよくあるのが、2段のパレットに乗せる駐車場である。狭いスペースに1台でも多く収容しようとしているから、やたらせせこましく作られている。しかも、たいてい段差があって入れにくい。バックで入れるわけだが、斜めに入っていくのは無理。パレットに載る前にクルマの向きを平行に近くしておかなければならない。このとき両サイドのガイドにタイヤがぶつかりそうで気になる。なんとも憂鬱だが、これにはコツがあるのだ。

バックでパレットに載せるときの位置調整は、クルマの右側後車輪だけに注目すればいい。窓を開けて右のリアタイヤをのぞき込み、それが右側のガイドにぎりぎりでおさまったかどうかを見ればいいのだ。右側が入れば、左側もかならず入っている。パレットは最初からそういうサイズで作られている。これを右も左も気にすると妙なことになる。うまくおさまらなかったら前進して切り返し、もう一度トライ。ボディをできるだけパレットと平行にもっていってやれば、すんなりおさまってくれる。

地下駐車場でよくあるのが、らせん式のスロープである。これが苦手という人が意外と多い。たしかによく見ると、その壁に擦り傷がけっこうついている。らせんのスロープでこすってしまうのはドライバーが視線を一定にしないからだ。前にも書いたように、クルマはドライバーが見ているほうに進んでいく。ぶつかるのを恐れ、ちらちらと内側を見たり外側を見たりと視線を動

目で確かめながら
右側のタイヤを
パレットぎりぎりに乗せる。

パレットとクルマをなるべく平行に

かすので、それにつれてクルマが外側にはみ出したり、内側に切れ込んだりして、こするのである。私の場合は、内側ばかり見ていると、だんだん内側に吸い寄せられていくから、たいてい外側の壁に視線を定めて進むようにしている。

クルマを路上駐車していたら、前後にぴったりクルマをつけられて、出ようにも出られなくなっている。こいつはよくあることだ。おのれ無礼なヤツめ、どうしてくれようかと怒り狂うところだが、パニックになることはありません。バンパーとバンパーが触れなんばかりでは無理だが、前のクルマ、後ろのクルマとの間が合わせて1mもあれば、十分脱出できる。まずステアリングをぎりぎり右にすえ切りして前に出る。接触寸前で止め、こんどは左にいっぱいすえ切りしてバック。このカニの横ばいを何回か繰り返すと、フロントが前を抜けられるようになるというわけだ。いまのクルマはどれもパワーステアリングがついているから、すえ切りを繰り返しても汗をかくこともない。

最後に、係員のいる駐車場では指示が聞こえるよう窓を開けること。聞き逃すと、駐車場内をさまようことになる。

第6章

高速道路は
もっとも安全な
道である

恐ろしいまでの速度を冷静にコントロールする

私は高速道路でクルマが故障し、仕方なく路側帯を歩いたことが何度かあるが、100km/hで横を通るクルマの轟音、風圧はなんとももものすごいものだ。1・5tの鉄の塊が秒速28mで次から次へとすっ飛んでくるのだ。10t以上の大型トラックともなると、そのエネルギーのすごさはそら恐ろしいものである。

100km/hは秒速28mである。まずはこのことを肝に銘じてほしい。そして、クルマの衝突エネルギーはスピードの2乗に比例して大きくなるということを覚えておくことだ。つまり、100km/hで走るクルマの運動エネルギーは50km/hのときの4倍。このエネルギーをコントロールしそこねたら、結果は悲惨である。100km/hという速度は、100m先の事故現場にわずか3秒少々で突入してしまうということだ。普通の乗用車が乾いた舗装路で100km/hからフルブレーキをかけて止まるには、いわゆる空走距離をのぞいても50mかかる。それもうまいドライバーがやった場合である。また、一般路と同じような感覚で急ハンドルを切れば、クルマはスピンして、あっという間にあらぬ方向に飛び出してしまうことうけあいだ。高速道路では一般道と同じ感覚でのラフなドライブは許されぬ。

しかし、同時に高速道路は一般道にくらべてはるかに安全な道でもある。交差点もないし信号もない。横から歩行者が飛び出してくることもない。自転車もいない。カーブの曲率は大きく採

高速道路は一般道にくらべてはるかに安全

られ適度なカント（カーブ内側への傾斜）も与えられており、ストレスなしにコーナーを抜けていける。うまいドライバーなら渋滞でもないかぎり料金所の入り口から出口まで、ほとんどブレーキを使わずに走れよう。

高速道路では、必要以上に恐れてむやみに緊張してもいけないし、逆に弛緩して注意力が散漫になってもいけない。高速道路では、つねに適度な緊張を保ち、すばやく合理的な判断ができなければいけない。

なるほど高速道路での事故は恐ろしい。しかし、的確にドライブすれば、これほどスムーズかつ走りやすい道はない。だからこそ１００km/hで走るクルマのエネルギーを知り、冷静にコントロールするすべを身につけてほしいのである。

初心者の場合、問題なのは過度な緊張のほうだろう。とくに高速道路に進入した直後は緊張しているものだ。こういうときはまずスピードに慣れることだ。80km/hで流れている高速道路に入ったら、しばらく１００km/hで走り、慣れてきたところで80km/hに落とすといい。すべてがゆっくりと見え、クルマの操作がゆとりをもっておこなえるはずだ。

思いきった加速、とにかくこれに尽きる

高速道路の本線への進入は、アプローチゾーンで強く加速し、本線の流れの1割から2割速いスピードでおこなうのがポイントだ。高速道路の進入でイヤなのは後ろからクルマが迫ってきて追突されそうになることだが、本線よりやや速いスピードで進入すれば、後ろから来る本線のクルマからは離れていくことになるのだから、追突されるはずがない。

進入が苦手というドライバーのほとんどは進入スピードが遅く、たとえば80㎞／hの流れに、60㎞／hくらいで進入しようとしている。これじゃ怖いのは当然だし、突然進路をふさがれる後続車は驚き、急ブレーキを踏むことになる。高速道路への進入も、一般道の車線変更と同じく、加速しながら相手より速いスピードでおこなうのが基本である。

アプローチゾーンでは思いきってアクセルを踏み、加速することだ。そのために、まずはアプローチゾーンに余裕があるか確認する。もし、あなたの前を荷物満載のトラックがゆるゆる加速しながらふさいでいるようなら、いったんスピードをゆるめ、トラックとの距離を取ってやる。そして、ウインカーをつけ、いよいよ加速である。強い加速を得るには低いギアを使うことだ。オートマチックなら、3速ホールドかスポーツモードなど低いギアで走るレンジに入れ、床までアクセルを踏んで加速する。エンジンはうなるだろうが、恐れることはない。

低いギアを使うのはエンジンブレーキが使えるからでもある。もし、タイミング悪く本線上の

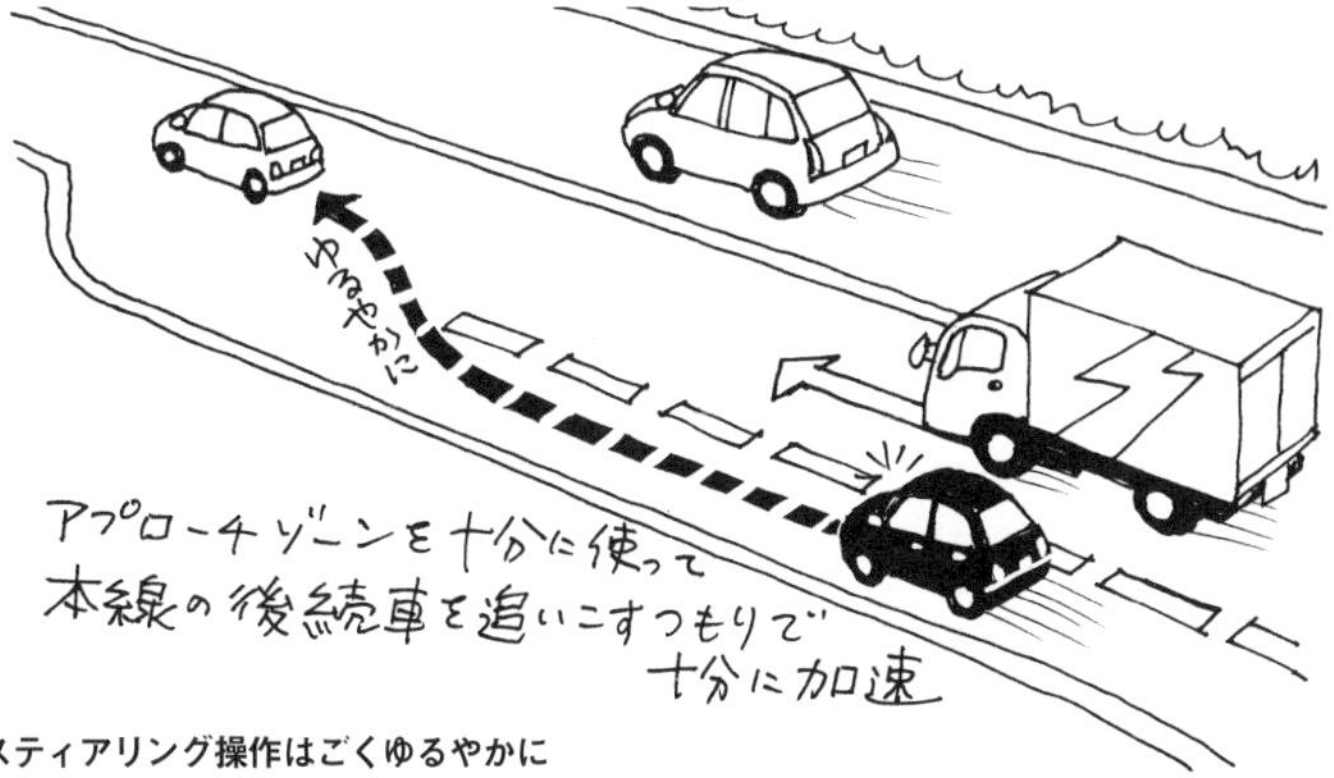
ゆるやかに
アプローチゾーンを十分に使って
本線の後続車を追いこすつもりで
十分に加速
スティアリング操作はごくゆるやかに

クルマと並走してしまったら、アクセルから足をはなすだけで、すぐにスピードが落ちて本線上のクルマをやり過ごせる。やり過ごした直後、再アクセルを踏めば、強い加速でその後ろにするりと入れる。オートマチックトランスミッションはアクセルをはなすとシフトアップする。アクセルをはなし、いったん4速なり5速に入ってしまうと、アクセルを強く踏みなおしても低いギアにキックダウンするのに時間がかかる。そこで最初から低いギアにホールドしておけば、アクセルを踏んだ瞬間から強い加速が得られるのである。

そして、アプローチゾーンから本線へ進入だ。本線側をドアミラーと目視で確認してから入る。入る角度はごくゆるやかに。スピードの遅い人に限って、スティアリングを一気に切り、横飛びのように入ろうとするが、それでは後続車も驚くし、自分のクルマの姿勢も乱れて、ますます危険だ。長いアプローチゾーンを十分に使って十分に加速し、ゆるい角度で本線に寄り添っていけば、すんなりと入れる。

本線上でクルマの流れに乗ったらアクセルを戻し、Dレンジに入れ、あとは静かに走ればよろしい。

遠くを見て事態を予測して走れば怖くない

前にも述べたように、高速道路は安全な道である。歩行者、自転車、ミニバイク、急停止するタクシー、他のクルマが飛び出してくる交差点等々、一般道で事故の原因となるものが、高速道路ではことごとく排除されている。それに昨今の技術の進歩で、クルマにとっても１００㎞／ｈはさほどのスピードではなくなった。昔のクルマの１００㎞／ｈはエンジンノイズ、バイブレーションが一段と高まり、少々緊張を強いられたものだった。しかし、現代のクルマの１００㎞／ｈはいたって静かかつスムーズだ。スティアリングもしっかりしており、直進性もよい。

にもかかわらず１００㎞／ｈが怖いというのは、１００㎞／ｈというスピードで次から次へと目に飛び込んでくる情報についていけないからだ。前述のように高速道路ではいちいち目で確認すべき情報は一般道よりずっと少ない。前方とルームミラーを見るだけでほとんどこと足りる。それについていけないのは視点の置き方が悪いためだ。視点が近すぎるのである。

１００㎞／ｈで走るクルマは1秒間に28ｍ進む。だから20～30ｍ先を見ても何の意味もない。そんな近くばかり見ていたら誰だって怖くなる。歩くときだって、50㎝先しか見えなかったら怖くて歩けまい。高速道路では視点を遠くに置くことだ。基本的に１００～１５０ｍ先、つまり4～5秒後の自分の位置に視点を置く。ときどきもっとずっと遠くも見やり、そこで何が起きているかをチェックしていけばよい。

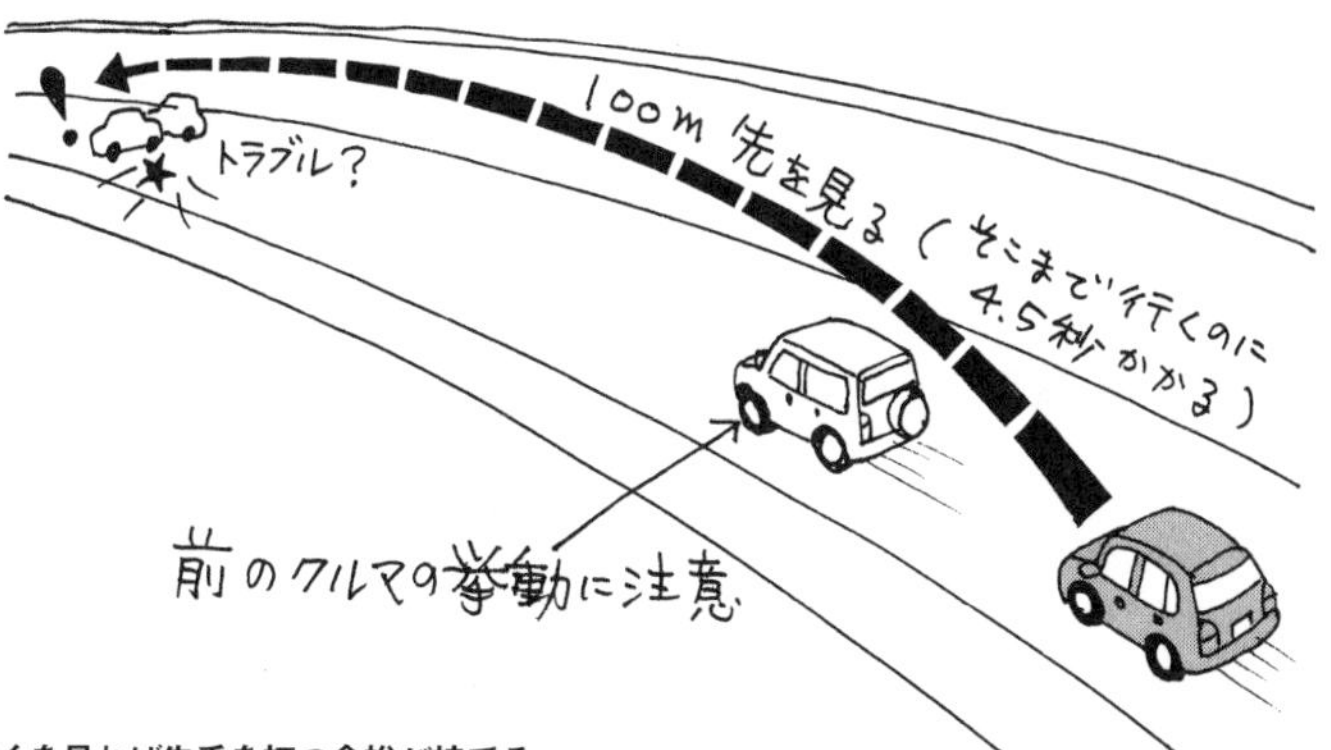

遠くを見れば先手を打つ余裕が持てる

「遅いトラックが追い越しをかけられているぞ。追い越し車線に出たほうがいいな、追い越し車線にクルマが来ていないかな」と、ルームミラーで後方を確認したり、「前のほうでブレーキランプが光っているな、様子を見よう」と、アクセルから足をはなしてスピードを落とす。あるいは「次のサービスエリアまで2㎞の表示が出ているな、そこでガソリンを入れよう」と、左側に車線変更するといったぐあいである。

　視点を遠くに置いて、先へ先へと情報を読み、4〜5秒後に起きるであろう事態に先手を打って対処していく。そうすれば誰でも高速道路は余裕を持って走れる。

　視点を先に置けないのは、近くにいるクルマが気になって、そればかり見てしまうからでもある。しかし、直前のクルマのブレーキランプだけを頼りにしていたら、たとえば前のクルマがいきなりその前のクルマと追突した場合、あなたは多重追突を避けることができないだろう。前の前のクルマの挙動に注意を払っていなければ、こういう事態を避けることはできない。前のクルマのもう1台前、さらに2台前ぐらいと、より先の状況を見るようにしよう。

スピード感覚

感覚を信じず、つねにメーターをチェックする

人間のスピード感覚は、慣れるに従って鈍くなっていく。誰しも初めて高速道路に入ったころは、スティアリングを握る手にべっとり汗をかいたのが、4回、5回と走るうちに平気になっているものだ。ま、この慣れがあるからこそ、誰でもリラックスして走れるのだが、こいつが怖い。

高速道路を下りた直後に、目が高速に慣れすぎていて、スピードオーバーに気づかないことがよくある。通常、他のクルマとの速度差があるからスピードを落とすのだが、ときに道路がすいていると、ハイスピードのままきついカーブに突っ込んでいくことになる。クルマの物理的特性はドライバーの目の慣れとは関係がない。いかに100km/hに慣れようが、50km/hで曲がるべきコーナーに100km/hで入っていけば、クルマはコーナーから飛び出す。

高速道路の出口は、当初ゆるいコーナーになっていて、進むにつれてしだいに曲がりが強くされている。それは当初80km/hぐらいで入っても、50km/h、40km/hとスピードを落とさせ、100km/hに慣れた感覚を、もとに戻すよう設計されているからである。

クルマはスピードによってブレーキもハンドリングもまったく別物となる。100km/hで走っているとき、50km/hと同じ感覚でブレーキを踏んでもクルマは止まってくれないし、50km/hと同じ感覚でスティアリングを切ったら、クルマはたちまち横転する。

自分のクルマがどのくらいのスピードで走っているか、それを知ることはきわめて重要だ。し

目がスピードに慣れてしまうのが怖い

かし、それを正確に体感できるドライバーはひと握りのプロだけだ。それに、クルマは年々、静かでスムーズなものになっている。いまの2ℓクラスの4気筒車は、下手をするとひと昔前の6気筒クラスの上級車よりずっと静かでスムーズなぐらいだ。しかも動力性能も高い。それだけに、いまのクルマは気がついたらとんでもないスピードが出ていて、驚かされるということがよくある。高速道路を100km/h少々で走っているつもりで140km/hも出ていたり、一般道を50km/hのつもりが80km/hなんてことはざらだ。

そこで大事なのがスピードメーターだ。スピードメーターはいま自分のクルマが何km/hで走っているか、正確に伝えてくれる。ハイスピードに慣れれば慣れるほど、これを見て確認することが大事である。

スピードの出しすぎによる事故とは、その大半がオーバースピードに気づかずに起きている。スピードメーターをつねにチェックしつつ走る。これは基本中の基本だ。スピードメーターはスピード違反から逃れるためにではなく、自他の安全を守るためにあるのだ。

危ない動きをするクルマからはすぐに離れる

高速道路を走行中、前方で事故が起きたら、あなたのクルマは事故現場に秒速28mで近づいていってしまう。ブレーキをかけても間に合わないかもしれないし、間に合ったとしても、今度は後続車に追突されるかもしれない。回避行動がむずかしい高速道路では、いったんことが起こったら一般道以上に巻き添えを食う可能性が高いし、被害も大きくなることが多い。だからこそ、高速道路では事故を起こしそうなクルマや、他車に事故を起こさせるようなクルマからは極力離れて走ることが重要だ。

あやしい動きをしているクルマはさっさと抜くなり行かせるなりして、1秒でも早く離れる。それには自分の前はもちろん、後方の状況をつねに把握しておかしな動きをするクルマに早く気づかなければならない。私は高速道路に入ると、前と後ろにどんなクルマがいるのか、そして、それが何をしようとしているのかを神経質なぐらいこまめにチェックしている。

ルームミラーをのべつのぞいて、後ろにどんなクルマが来ているか見る。乗用車ならいいが、大型トラックが来たらできるかぎり逃げる。突如、渋滞の最後尾に出くわしたとき、自分は止まれてもトラックのブレーキが遅れたらひとたまりもない。追い越し車線で急速に接近してくる大型トラックがいたら、さっさと道を空けるか一気に引き離す。大型トラックは、いったんスピードに乗ると、曲がれないうえに止まれないし、巨大な運動エネルギーを抱える危険のカタマリだ。

あやしい動きのクルマは、さっさとやりすごす.

ペースの合うクルマと流れに乗って走りたい

走行車線を走っていて、前方に追い越し車線をふさぐクルマがいるときも要注意だ。業を煮やした後続のドライバーが、強引に左車線から追い越しをかけるかもしれぬ。また、当ののろいクルマが後続車にあおられて、あわててこちらの車線に飛び出してくるやもしれぬ。

いつまでも横に並走してくるクルマからもさっさと離れる。十中八九、走り方のわからないビギナーである。気をつけねばならないのは斜め左後方だ。ここはミラーの死角になっており、ここを並走されるとまったく見えない。車線変更するときはミラーだけでなく、振り返って目視で念を入れる。同様の理由で自分の右斜め前にクルマがいるときにも注意が必要だ。少し後ろに下がり、相手から見える位置に動こう。左車線から抜くと、相手には死角から突然クルマが現れることになる。危険だから絶対にやめるべきだ。

後ろについたクルマが自分と同じスピードで、良識的な車間距離を保ってついてくるようなら、その状態を維持する。こうして、前にも後ろにも自分のペースに合ったクルマがいるような状況で、流れに乗れれば安心である。

車間距離100mにこだわるとかえって危険

警察や教習所が指導しているように車間距離が100m取れれば、こんなうれしいことはない。これだけの余裕があれば、ほとんどの緊急事態には対処できる。しかし、そんなことができるのは北海道とか九州の山中ぐらいのもの、高速道路はおおかた混んでいる。車間距離100mなんて教習所の教則本のなかにしかない夢物語である。いくら努力して100mを維持しようとしても、次から次へと割り込まれるのがオチだ。

クルマが詰まって流れている場合、意固地になって車間距離を取ろうとするのは、かえって危険である。他車に車線変更を強いて、結果的に事故を誘発することになるからだ。もし、あなたが次から次へと後ろから来るクルマに追い越しをかけられたり、割り込まれるようなら、あなたのクルマは流れを阻害して、間接的に事故の原因を作っていると思ったほうがよい。

といっても、車間距離10mそこそこで何台も連なり、追い越し車線をハイスピードで行くなどというのはまったくオススメできない。高速道路でよく見かける光景だが、無謀もいいところだ。前のクルマに何かがあったら、まったく対処のしようがない。

現実的には、高速道路の車間距離は、昼間で路面が乾いていれば、50mもあれば十分だろう。そもそも前も後ろも100km/hで同じ方向に動いているのであり、いきなり50m先のクルマが瞬間的に停止するわけではない。

タップリ車間距離を
あけていても
割りこまれるだけ

他車に追い越しを強いることになり危険

大事なのは前のクルマとどのくらい空いているかよりも、どのくらい前を見ることができるかである。いかに車間距離が100mでも、前を走るクルマのブレーキランプばかり見ていたのでは時間的余裕がほとんどなく、危なくて走れない。前のクルマと距離が取れない場合でも、前のクルマのウインドウを通してさらに前のクルマを見るなど、少しでも先を見るようにする。2台先のブレーキランプが点灯したら、その瞬間アクセルから足をはなしてエンジンブレーキを効かせ、先手を打つ。このようにすれば、車間距離100mと同じとはいかないが、数秒先の出来事を予測しながら、安全を確保しつつ走ることができる。

私がトラックの後ろにつくことを避けているのは、これが理由である。トラックが壁になり、その前が見通せないからだ。私は前をトラックにふさがれ、かつ追い越しのできないときは、アクセルをゆるめ、車間距離を100mぐらい空けることにしている。たちまち他のクルマが入ってくるが、腹は立たない。なぜなら、前が見えないという危険を、私の代わりにそのクルマが負ってくれることになるからである。

高速道路での車線変更

十分に加速してから車線を移ること

高速道路でも、一般道と同じように、なるべく車線変更しない運転を心がけるほうが安全だし、また他車に車線変更を強いるような運転もするべきではない。そうはいっても、先に述べたように、妙な動きをするクルマが周囲にいたり、視界をさえぎる大型トラックが前をゆっくり走っているような場合は、追い越しをしなければならない。高速道路での追い越しは、一般道と違ってスピードが速いので最初は怖いかもしれないが、信号もなければ歩行者もいないから、他のクルマだけに注意を払っていればよろしい。

高速道路の車線変更も一般道と同様に、隣の車線の流れよりも1～2割程度速いスピードでおこなうのが原則だ。後ろから追突されるのを避けるためである。となると、加速しなければならないが、そのためには、自分の車線の前方に余裕が必要である。まず目の前のクルマとの車間距離を確保する。足りないようなら、少しアクセルをゆるめて車間距離を取る。

追い越し車線の状況をミラーで確認、後ろのクルマとの距離を測る。距離はルームミラーでないと正確に測れない。大丈夫そうだったら、ウインカーを点滅させ、周囲のクルマに合図を送る。右後ろが死角になるから、サイドミラーと目視で再度確認、加速しながら追い越し車線に入る。前車とのスペースを有効に使い、しっかり加速して、追い越し車線をやってくるクルマ以上のスピードを自分のクルマに与えなければならぬ。このさい追い越し車線への進入角度はゆるやかに、

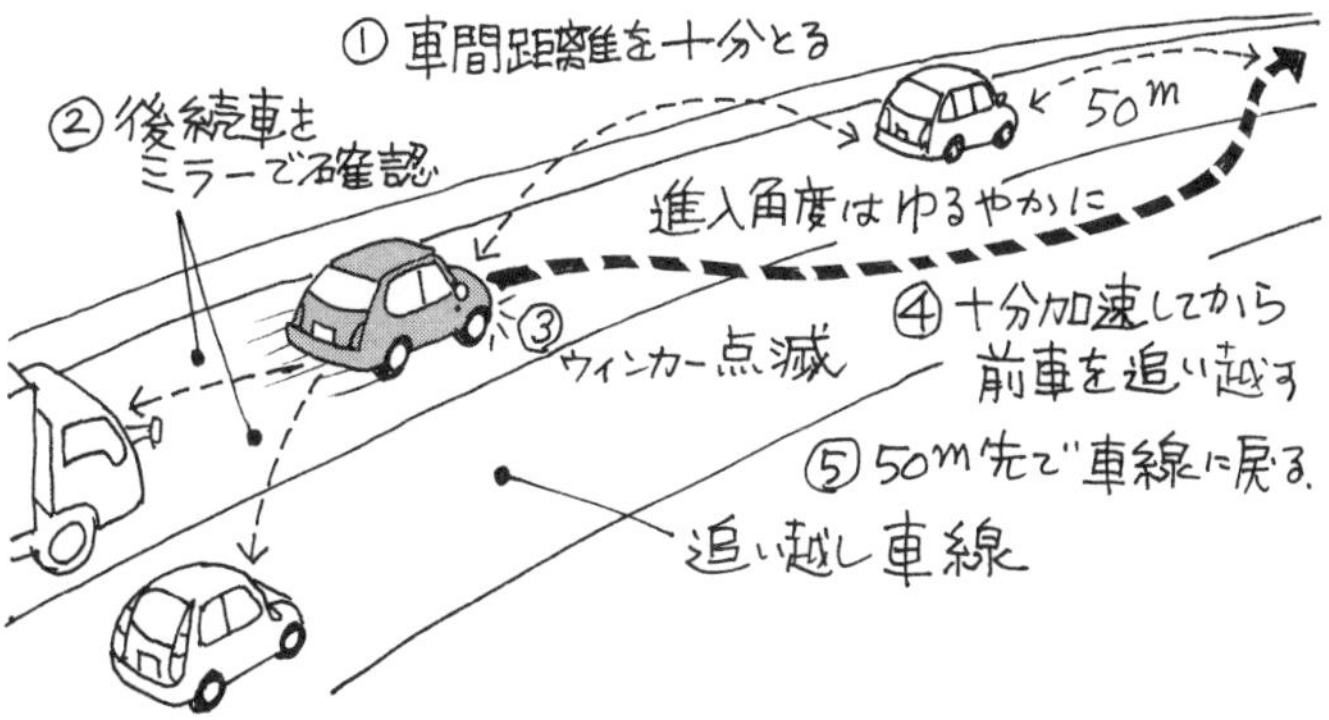
①車間距離を十分とる
②後続車をミラーで確認
50m
進入角度はゆるやかに
③ウィンカー点滅
④十分加速してから前車を追い越す
⑤50m先で車線に戻る
追い越し車線

追い越し車線の流れの1～2割増しまで加速

スティアリングを切るというよりは、斜めに傾けるといった感じである。ときどき、前車との距離をギリギリまで詰め、フラッと横滑りするように車線変更するドライバーがいるが、これは非常に危ないので、絶対やってはいけない。

追い越し車線に入ったらなるべく早く抜き去る。安全運転とばかりに追い越しをのろのろやるのは、安全どころかリスクを高めるだけだ。追い越しのさいは、前のクルマの斜め後ろや横を並走しなければならない。斜め後ろは相手からは死角になっていることが多いし、真横に並んだときは相手との距離がかなり近づく。前方で事故が起きて回避するさいなど、接触の危険がある。並走の時間を必要以上に長く取るのは危険を増すだけである。

追い越したクルマの50m先ぐらいでウインカーを点滅、左後ろをミラーと目視で確認、元の車線に戻る。追い越したクルマの鼻先に入るのはマナー違反だ。かならず距離を取って入ること。後ろにトラックがいるのがイヤだったら、そのまままもう1台抜いて先に進む。走行車線に戻ったらアクセルを戻し、スピードを流れに合わせ、再び巡航していけばよい。

回避行動はスピードを落としてからおこなう

高速道路では料金所への進入以外ブレーキを踏む必要はまずない。私はできれば高速道路ではブレーキのお世話になりたくないと思っている。必要以上にブレーキを使うのは危険だからだ。高速道路でやたらブレーキランプを点灯させているのは、まず初心者か、妙な我流にこりかたまった老人ドライバーだ。そういう運転は後続車にストレスを与えるし、ふらつきの原因となる。そもそも高速道路には信号も歩行者もないのだから、スピードの調整はほとんどアクセルのオンオフやハーフスロットルの使い方ひとつですむはずなのだ。

それでも、ときにはどうしてもブレーキのお世話にならなければならない緊急事態は起こる。トンネルに飛び込んだらなかでトラックが横転していたとか、コーナーを抜けたところで渋滞の最後尾がはじまっていたという状況である。運悪く、そんな事態に遭遇したらとにかく思いっきりブレーキを踏むしかない。いわゆるパニックブレーキというやつである。

ＡＢＳのついた最近のクルマは、思いきり踏んでもスピンするということはない。思いきりブレーキを踏みつけ、まずはスピードを少しでも落とす。バックレストに背中を押しつけ、渾身の力で踏み込む。クルマの姿勢はあくまでまっすぐだ。ＡＢＳはブレーキを踏みながらでもステアリングが効くが、限界もある。まだ速度が落ちないうちから反射的にスティアリングを大きく切ろうものなら、制動距離がグンと伸びて危険が増す。スティアリングを切っての回避行動はあ

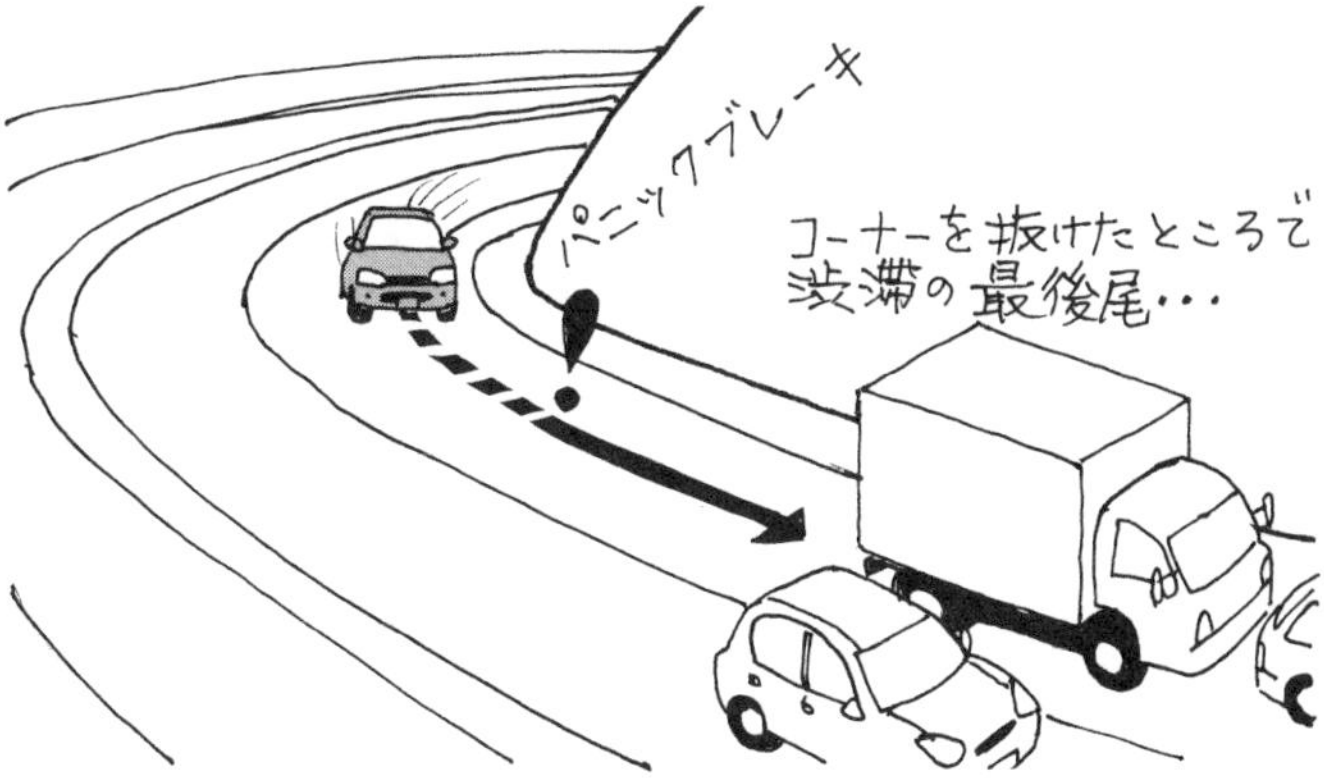

こんなときは思いきりブレーキを踏むしかない

る程度速度が落ちてからだ。思いきり踏みつづけ、もし、偶然クルマの間が空いているなど、さらなる追突を回避できそうなスペースがあったら、ステアリングを操作してクルマをそこへ持っていく努力をする。

ブレーキを思いきり踏み込みつづければ、不幸にして追突しても、衝突時のエネルギーは大きく減っているから、生還の可能性は高まる。いまのクルマは55km/hでの正面衝突でも、シートベルトを着用していれば乗員が生還できるように設計されている。100km/hからノンブレーキで突っ込めば助かる見込みはないが、ブレーキを踏んでぶつかるまでに60〜70km/hにスピードが落ちれば、命だけはなんとかなる可能性が高まる。

さいわいにしてなんとか止まれても、まだ終わってはいない。すぐさまルームミラーで後ろから来るクルマを確認する。普通の乗用車ならいいが、それが大型トラックだったら、追突されてまず無事ではすまされない。もし、追突してもクルマが動かせる状態にあるなら、エスケープゾーンを探し、一刻も早くトラックの進路から逃れることだ。

せめてガス欠とパンクくらいには気をつけてほしい

いまのクルマはきわめて信頼性が高くなっており、通常のメンテナンスがしてあれば、高速道路上でいきなりエンストすることはまずないはずだ。ところが、高速道路上で止まってしまい、JAFのお世話になるクルマは依然として後を絶たない。

その原因の1位はパンク、2位はガス欠である。パンクはまあ仕方ないとしても、ガス欠はいただけぬ。高速道路では最長でも60㎞以内にガソリンスタンドのあるサービスエリアがあるのだから、自分のクルマの燃費を知り、燃料計さえ見ておけば、かならず防げるハズである。高速道路でのエンストはきわめて危険で、そのために命を落とす不幸な人も少なくない。たかがガス欠で事故に巻き込まれ、死ぬようなことになったら泣くに泣けまい。

パンクの場合、「スローパンクチャー」というゆっくり空気が抜けていくパンクなら、ステアリングがどちらかに取られるのでそれとわかるはずだ。初心者にはわかりづらいかもしれないから、自信がなければ、高速道路を走る前にガソリンスタンドに寄って、タイヤの空気圧をチェックしてもらうことだ。スローパンクチャーに早めに気づかないと大変なことになる。気づかずに、空気圧が低下したままのタイヤで高速走行しつづけてしまうと、タイヤが負荷に耐えきれず、一気にタイヤが裂ける「バースト」が起こるからだ。これが怖い。バーストすると、いきなりステアリングに強い振動が伝わり、強く右か左に取られるが、そこであわててブレーキを踏んで

ガス欠ほどバカバカしいものはない

はいけない。バランスを失って横転してしまう。ステアリングをしっかり押さえ、オートマチックのレンジを3や2に入れてエンジンブレーキを徐々に効かせ、ゆっくりスピードを落として路側帯にクルマを寄せ、止まる。

意外と多いのがバッテリー上がりである。古いクルマでファンベルトがゆるんでいると、いくらエンジンを回しても、発電機が発電せず、バッテリーがへたってしまうのだ。

高速走行ではクルマに大きな負荷がかかるから、不調のまま走りつづければ、クルマに再起不能のダメージを与えてしまう。油圧低下のウオーニングランプが点灯したり、水温計がレッドゾーンにはいったまま走りつづければ、エンジンが焼きつき、修理不能とあいなる。かりに修理できても、クルマによっては新車一台が買えるほどの高額の請求書を送りつけられることになる。

とにかくクルマの調子が変だなと思ったら、とりあえず路側帯に寄せて止まることだ。あれれ、変だなといっているうちに本線上で止まってしまったら、車外に出て押さねばならず、これはとてつもなく危険だ。

トラブルで停止してしまったら、どうするか

さて、不幸にも何らかのトラブルが起きて、高速道路上で停止しなければならなくなった場合どうするか、である。前にも述べたように私も何度かこういう目にあったことがあるが、自分の真横を100km／hで走るクルマが通り抜けるというのは、本当に恐ろしいものである。ちゃんとした手順で安全にことを運ばないと、非常に危険で命を落としかねないし、また後続車の追突を招いて他人まで不幸な目にあわせることになってしまう。

まずはとにかく、クルマを本線の流れを妨げない場所に停めるのが先決である。ハザードランプを点滅させ、周囲のクルマに異常を知らせつつ、クルマを路側帯に寄せていく。余裕があるなら、見通しの悪いカーブ付近や、坂の頂上付近は避けたほうがいい。路側帯を徐行しつつ進み、道路が平坦でまっすぐな見通しのよいところに停める。トンネルのなかや、路側帯のない自動車専用道路などでは、なるべく本線から凹んだ待避用のスペースに停める。

クルマを停めたらハザードランプは点けたまま、エンジンフッドを開けてクルマの存在を目立たせる。クルマのなかにいると追突されることがあり危険なので、車外の安全な場所に同乗者を避難させる。道路わきが土手になっていればその斜面に上るか、ガードレールの外に出るなどする。トンネル内の場合は、一段高くなった歩行者用通路に避難する。

次に、赤い三角形の停止表示板を置くわけだが、クルマの直後では意味がない。100m程度、

携帯電話はトラブルのさいとても便利

クルマの後方に置き、後続車に注意を促す。このさいも、ガードレールの外側など、できるだけ安全な経路を探して移動する。ただし、夜間にガードレールの外に出る場合は、そこが高架橋の上でないかどうか確認してからにすること。うかつに外に出て転落しては目も当てられない。

それから、JAFなり高速道路の管理事務所なりに救援を依頼する。高速道路上では非常電話が1kmごと、トンネル内では200mごとにあるが、いまは誰でも携帯電話を持っているから、電波状態が悪くなければ携帯を使ったほうがいいだろう。高速道路を長く歩くのは危険だ。携帯電話からJAFへ連絡するには、全国どこからでも#8139を押せばつながる。ただし、この場合は自分の位置を相手に知らせなければならない（非常電話を使って管理事務所に伝える場合は、相手に自動的に位置がわかる）。高速道路では100mおきに、起点から何mと書かれた表示があるので、それをあらかじめ確認しておいて伝えるといい。

パンクくらいなら路側帯でタイヤ交換すればいい、という人もいるが、命が惜しければやめておいたほうがよかろう。

高速道路の分岐

迷っても進路を変えずそのまま進むべし

はじめて通る高速道路で分岐や出口に迷うことがある。日本の自動車専用道路はこの表示がまったくなっておらず、とくに首都高速など初めて入ったドライバーはまず例外なく迷わされる。下りるべきか、下りざるべきか迷ったとき、私はかならずいままで来た本線をそのまま進むようにしている。途中で間違いに気づいてもブレーキはかけず、粛々と進む。そして次のインターで下り、もう一度本線に入って一からやり直す。

あ、ここだと気づいて、あわててブレーキを踏み、とっさにステイアリングを切るのは、とてつもなく危険だ。高速道路でとっさの判断で行動していいのはパニックブレーキだけ、それ以外はすべて避けるべきだ。なかには通り過ぎてしまった分岐にバックして戻るというとんでもないドライバーがいるが、こんな危険なことはない。貧乏たらしくせかせかせず、決然と次の出口まで行けばいいのだ。どこへ行ったって日本なんだから、困ることなんかないのである。

間違っていようが、正しかろうが、とにかく早めに決断し、決然と進むことだ。助手席の乗員から、「あ、ここだ、ここで曲がれ」とか、「違う、違う、ここじゃない」などといわれても、素直に反応してはいけない。たいていもう間に合わぬから、黙殺して頑固に自分の決めた進路を守る。人のいうことに従うのは、せいぜい1㎞手前ぐらいまでだ。

迷わずにすむためには、当たり前の話だが、前もって地図を見ておくことだ。ドライブコース

いさぎよくあきらめて次の出口まで進む

の全体象を把握しておくことが大事だ。曲がるポイント、下りるポイントだけしか知っておらず、全体がわからないと、ひとつ間違えたときに、あとの収拾がつかなくなる。ま、カーナビがあれば、まず大過なく行けると思うが、それでも最初に地図を見て、おおまかな行程はアタマのなかに入れておきたい。カーナビがなければ、下りるべきインターの2つぐらい手前から出口の名前をメモしておく手もある。そいつを1枚ずつダッシュボードに貼りつけておき、1つ通過するごとに外していくのだ。これは私がヨーロッパなどの外国に行ったとき、よく使った方法だ。

2台、3台とグループで走る場合、昔はひとつ間違えてはぐれてしまうとえらいことになったものだが、いまは携帯電話という便利なものがある。こいつはおおいに活用できる。かりに他のクルマを見失ってしまっても、連絡を取り合い、次のサービスエリアで待っているといったことができるから、あせらなくてすむ。むろん通話は助手席のナビゲーターにまかせること。地図を見ながら電話もかけてくれる人が隣にいると、なかなか重宝である。

雨の高速道路

雨で夜なら高速道路は避けたほうがいい

日本の高速道路は世界的にみてもよく整備されているほうだが、それでも東北自動車道や東名高速道路など、トラックの通行量が多い道はところどころでわだちができている箇所がある。こういうところは雨が怖い。水たまりになり、そこにハイスピードで突っ込むと、「ハイドロプレーニング現象」を起こすからだ。

ハイドロプレーニングとは、水上スキーのようにタイヤが水の上に浮いてしまい、グリップをまったく失うことである。こうなるとブレーキもスティアリングもまったく効かなくなる。走行中、ハイドロプレーニング現象が起きたら、水たまりを通り過ぎるまで、ブレーキは踏まず、スティアリングも切らず、そのまま通り抜けるより仕方がない。下手に動かすと、水たまりを越えた瞬間にタイヤがグリップを取り戻すから一気にスピンしてしまう。水たまりの大きさにもよるが、時間にしてほんの1秒ぐらいの間だから、じっと我慢してじたばたしないことだ。

ハイドロプレーニングも、そのほかのスリップも、タイヤの溝がすり減っていると起こりやすくなる。柔らかくてグリップのいい昨今の高性能タイヤは、1万5000kmぐらい走っただけで簡単にすり減ってしまい、ちょっとした雨でも容易にスリップする。溝の深さが3mm以下になったタイヤは、すぐに交換しなければダメだ。

いまでは透水性舗装がなされている箇所も増えてきた。透水性舗装は、表面の細かな穴から水

ハイドロプレーニング現象に注意

を吸い込むので水たまりができづらい。このため滑りにくく、いたって走りやすい。しかし、この透水性舗装も、雨の降りはじめには細かな穴に詰まっていたホコリやタイヤ粉などが浮き上がり、滑りやすい。しばらくすると洗い流され、グリップはよくなるが、雨の降りはじめは注意が必要である。

雨で視界が閉ざされてしまうのもイヤなものだ。とくに激しい夕立などでは、ワイパーは役に立たず、前方はまったく見えなくなってしまう。スピードを落として慎重に走るしかない。ランプはかならず点灯する。これは前を見るためではなく、自分の存在を他車にアピールするためである。

隣から大型トラックに抜かれると、ものすごい水しぶきでまったく何も見えなくなる。これに打つ手はない。ただスティアリングをしっかり押さえ、そのまま災難の通り過ぎるのを待つしかない。さらにこれが夜だと最悪である。フロントスクリーンの油膜にライトがギラギラ乱反射し、しかもライトの光は雨のなかに吸い込まれてしまう。対策といえば、なるべく車群を離れて走るぐらいしかないが、もっとも有効なのは、雨の夜は極力高速道路には入らないことであろう。

夜はクルマの群れから離れて走るほうが安全

真っ暗な高速道路を、えんえん巡航をつづけているとしだいに睡魔に襲われる。本来、高速道路はスムーズに走れるように作られているから、どうしても走りが単調になってしまうところへもってきて、視界が闇に閉ざされているので刺激が少なく、ますます眠くなる。

高速道路のライン上に細かな凹凸が刻まれているのは、居眠りドライバーの目を覚まさせるためだ。しかし、猛烈に眠くなると、ラインを踏んでハッと目が覚めてもすぐにウトウトし、ガタガタ、ウトウトの繰り返しとなる。ドライバーは意識が戻るたびにブレーキを踏むから、そのたびにブレーキランプが点灯する。左右にふらふら揺れながら、のべつブレーキランプを点灯させているようなクルマは、まず居眠り運転だと思ってよい。こういうクルマは後ろからパッシングして、目を覚まさせてやるのが親切だ。しかし、何はともあれさっさと追い越して、そのクルマから離れたほうがいい。

眠気対策としては、ガムを噛む、お気に入りの音楽を聴くなど、いろいろあるが、私のオススメは大声で好きな歌を歌うこと。誰も聞く人はいないのだから、思いきって大声を出すといい。あごを動かすと目が覚めるのだ。しかし、なんといってもいちばん効果的なのは、サービスエリアで寝てしまうことだ。中途半端に30分程度というよりは、たっぷりと2～3時間は寝るといい。まちがってても路側帯にクルマを停めて仮眠などしてはいけない。そもそもそれは交通違反だし、

こんなときはサービスエリアで寝るのがいちばん

夜間ハザードランプを点灯して路側帯に停車していると、この灯りが後続車を吸い寄せ、追突事故を起こさせやすいというデータもある。半睡眠状態にあるドライバーはハザードの灯りを先行車と錯覚して、追従したつもりで突っ込んでくるというのだ。

高速道路は都市部を離れるにつれ照明が少なくなる。とくに中央自動車道や上信越自動車道などの山間部は真っ暗で、こうなると前を走るクルマのテールランプに追従したくなるが、これは避けたほうがいい。あなただけでなく、他車もテールランプに追従しつつ走るから、全体として巨大な車群を形成してしまう。しかもそれぞれが、前のクルマのテールランプばかり見て走っているのでは、ちょっとしたきっかけで多重追突が起きる危険がある。とても安全とはいえない。

夜の高速道路ではなるべく群れから離れ、一人で粛々と進むことだ。真っ暗な高速道路で先行車もなく、前方が見通せないのなら、ライトを上向きにして遠くを確認すればいい。テールランプへの追従はラクだが、単調な判断停止状態がつづくと、かえって自らを催眠状態に陥らせやすい。

ETC

頻繁に高速道路を使うならつけたほうがいい

ＥＴＣとは高速道路の料金をカードで後払いする自動ゲートシステムである。いちいち停止することなく、料金所のゲートを通過できる。ＥＴＣの普及で、料金所前での渋滞はかなり解消されるようになった。猛スピードで追い抜いていったクルマが料金所の列に並んでいる横を、ＥＴＣであっさり抜き去るというシーンはもはやお馴染みだ。使いはじめるまでの手続きが多少面倒ではあるが、料金所のゲートで小銭を出し入れしてもたもたしなくてすむから安全だ。

ＥＴＣを普及させたかった国土交通省は、ＥＴＣの開始時にさまざまな特典を用意した。通勤割引、夜間割引などといった割引制度がそれで、それぞれに細かな条件（たとえば時間帯、走行する距離、特定の区間など）を満たした場合に、3割くらいの割引になる。最近整備されてきた「スマートインターチェンジ」なる、サービスエリアやバス停に設置された簡易な出入口は、ＥＴＣ搭載車だけが使用できる。目的地によってはこいつはかなり便利だろう。

ＥＴＣを使うには、クルマにＥＴＣの車載器を取りつけて「セットアップ」なるものをおこない、また、それに挿入するＥＴＣカードをクレジット・カード会社などで作ってもらわなければならない。車載器の購入から取りつけはカーディーラーやカー用品店でやってもらう。いまや価格も下がって、たいしたお金はかからない。車載器本体と取りつけ、セットアップもふくめ、もっとも安いものなら1万円ぐらいだろう。

料金所でのもたつきはかなり減る

気をつけなければならないのはカードの入れ忘れである。車載器にカードが挿入されていないとゲートは開かない。ここでストップしてしまうとバックするわけにいかず、料金所の係員を呼んで、ゲートを開いてもらうしかない。うっかりしてそのままゲートのバーに接触する事故もあるというし、急ブレーキをかけて後続車に追突される危険もある。

また、なかにはバーのないゲートもあり、そこをカード入れ忘れのまま通過してしまうこともある。こんなときもあわてて急停止したりせず、目的地のゲートまで進み、そこの係員にワケを話して通してもらい、あとで高速道路会社に電話で連絡して、通過した日時、ナンバー、ETCカード番号などを伝えれば料金の引き落とし手続きをしてもらえる。

日本のETCはいちいちバーが降りて減速を強要するが、フランスあたりの高速道路にはバーなどなく、広いゲートをクルマがそれまでの速度でスイスイ通過していく。通過するクルマのナンバーは、ことごとく撮影されているのだから、わずらわしいバーがなくとも不正通行は抑止できるハズなのだが。

第7章

山道は
こうやって走る

山道でのスピード

あくまで常識的なスピードで楽しむべきだ

クルマをドライブして楽しいのは、単調な高速道路ではなく、小さなカーブの連続するいわゆるワインディングロードである。イギリスの田舎に行くと、こうした道が連続しており、実に気分よいスポーツドライブが楽しめる。

日本では地方に行っても、そうした田舎道はほとんどなく、それができるのはアップダウンとコーナーの連続する山道である。というわけで、私は週末、まだクルマが混んでいない早朝の時間帯を狙って箱根あたりに遠征したりする。こいつは私の人生の楽しみのひとつだ。

リアタイヤを滑らせながら、ハイスピードコーナリングをやったりするワケじゃない。コーナーをクリアするさい、どこでブレーキングして荷重移動をおこない、ステアリングを切るか、どんなラインで入り、出るのか、自分なりにもっとも理想とするコーナリングをアタマのなかで組み立て、それを常識的なスピードでおこなうのである。そして、いまのコーナーはうまくいったなとか、少しタイミングが遅かったななどと一人で悦に入ったり、反省したりして楽しむのだ。

人気《ひとけ》のない山道といえ、公道である。いかに運転技術に自信があっても、法外なスピードが許されるわけではない。かつて流行《はや》ったような、ドリフト走法などもってのほかだ。道路はクルママニアだけのためにあるのではない。まずは普通の人の生活のためにあるのだ。

それに山道での事故は悲惨な結果を招くことを覚えておくことだ。箱根の上空をヘリコプター

山道では助けが来るまで時間がかかる

で飛ぶと、あちこちに崖から転落したクルマが放置されているのが見えるそうだ。そういう目にはあいたくないものだ。観光地で交通量もそこそこある箱根ならまだいいが、山奥では携帯電話で救急車を呼ぼうにも電波が届かない。かりになんとか連絡がついても、救急車がそこへ来るまで、長い時間待たなければならない。山道でいったん事故を起こすと、都会のようにはいかないのである。

といって、山道をとろとろと、後ろに何台もクルマを詰まらせながら上り下りするのも感心しない。出すべきときにはスピードを出して、メリハリのあるドライブをしてもらいたい。山道でこういうクルマに前をふさがれると、後ろのクルマはどうしても無理な追い越しをかけることになり、事故の危険を増やすことになる。

たんにスピードを出すのではなく、山道をうまく、スムーズに走る。山道をスムーズに適度のペースを保って走れば、クルマの楽しみは倍増する。山道が苦手だという人は、ぜひ次項以下を読んでほしい。ほんのちょっとしたことに気をつけるだけで、走りは見違えるようによくなるはずだ。

山道でのペースを上げる

3レンジや2レンジで走るだけでいいのだ

ドライブのかくも楽しい山道だが、これが苦手という人がいる。上りでは思うようにペースが上げられず、いつも後ろにクルマの列ができてしまう。下りは下りでスピードが出過ぎてしまい、怖い。だから山道はイヤだというのだ。おおかたの場合、原因は一つである。ギアの選択を間違えているのだ。オートマチックトランスミッションをDレンジに入れっぱなしで山道を上り下りしたら、スムーズに走れないに決まっている。

従来型のオートマチック車はアクセルをはなすと、自動的にシフトアップする。コーナーの続く上りでは、それがクルマの挙動をギクシャクさせてしまうのだ。コーナーの入り口でアクセルをはなすたびにシフトアップし、コーナーの終わりでアクセルを踏み込むが、普通に踏み込んでもシフトダウンせずスピードは落ちていく。そこでおそるおそる深く踏み込んで一息遅れてキックダウン、ようやく加速するといった調子でスムーズに走れない。当然ペースは上がらない。

山道では、シフターを3速あるいは2速のポジションに入れ、ギアを1〜2段落として走ることだ。急な上り坂なら2速、比較的ゆるい上りが続くなら、3速あたりが目安である。これなら強いエンジンブレーキと強い加速が同時に得られ、アクセルワークだけで思うようにスピードコントロールができる。CVTなら、ギア比を低くして強い加速の得られるSなどのレンジがついているから、そこに入れる。ギア比を区切って使えるCVTなら、同じく2速か3速を選べばキ

ギアの選択だけで走りが変わる

ビキビ走れる。

下り坂でスピードが出過ぎてしまうのも同じこと、Dレンジに入れっぱなしだからだ。こういうドライバーに限って、ブレーキペダルの上に足をぺたんと乗せっぱなしで、ズルズル坂を下っていく。こんな中途半端なブレーキの使い方を続けると、ブレーキはフェードし、いざというとき本当に効かなくなってしまう。

下り坂もシフターは3速あるいは2速に入れ、ギアを1〜2段落とす。エンジンブレーキが効いているから、のべつブレーキを踏まなくともスピードが出過ぎることはない。ハイブリッド車は回生ブレーキを効かせて下るので、ブレーキへの負担が少ないのだが、電池が満タンになると回生ブレーキが効かなくなる。そんなときはエンジンブレーキが強力に効くレンジに入れる。これはメーカーによってBとかLなどと表示が違う。よくトリセツを読んでおくこと。

とにかく、どんなクルマでも山道の上り下りは強いエンジンブレーキと強い加速が得られるレンジに入れることだ。それだけでグンと運転がスムーズになる。

十一のゲートを積極的に使って走る

コンパクトカーのCVT式オートマチックのシフトを見ると、P・R・N・D・S・Bなどとなっている。Bは急な下り坂用の強くエンジンブレーキが効くゲート。Sはスポーツモードで山道や高速道路の合流で、低めのギヤ比で走るときに使う。車種によってはSボタンが別に付いていたり、Lなど違う文字があてられていることもあるので、トリセツで確認した方がいい。

マニュアルシフトのクルマで山道を走るときは（5速車の場合）、ギアはほとんど2〜3速のあいだで使い、4速、5速には入れない。要は低めのギアで走るということで、昔からマニュアル車でやられてきたことを、CVTやオートマチック車でもやるということなのだ。

従来型のオートマチックは性能が良くなっており、今やマニュアルより遅いということはない。昔のようなレスポンスの悪いオートマチックでは、たしかにマニュアル車に敵わなかった。しかし、現代の電子制御オートマチックはいたってレスポンスよく、下手なドライバーが乗るマニュアル車よりずっと速く走れるのである。

最近はちょっと高価な上級車になると、オートマチックにはP・R・N・Dレンジの他に、＋と－のゲートがついており、ここでシフターを軽く上下させるか、左右に倒すだけで自在にシフトアップ／ダウンができる。CVT式でも、擬似的にギアを区切って使えるモードが付いているものがあり、これも同様に操作することができる。さらにスポーティなモデルではハンドルに付

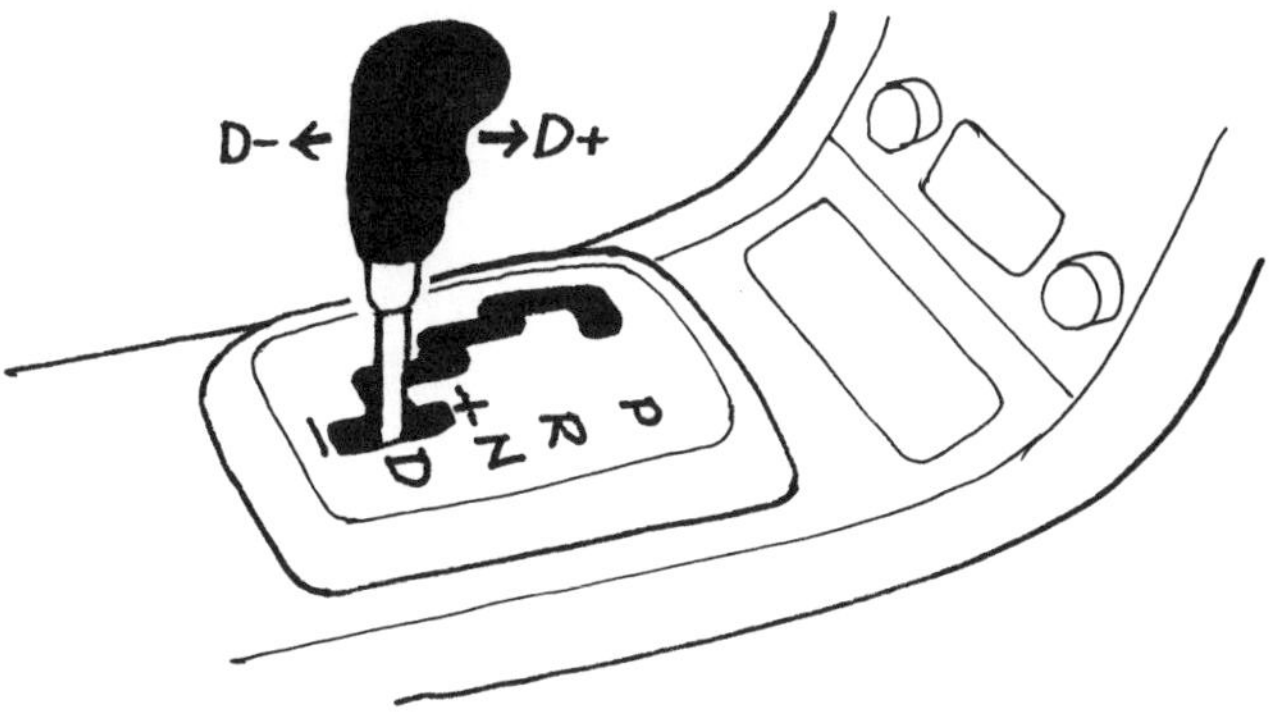

シフターをうまく使って山道を楽しもう

いたパドルで、任意のギアポジションが選べるようになっており、こいつを使えばマニュアルよりずっと速いシフトで小気味よい走りが可能だ。コーナーの手前でブレーキングと同時に、カチカチとマイナスしてシフトダウン、強力なエンジンブレーキを効かせてコーナーに入り、そのままアクセルオン、強い加速でコーナーを脱出、ある程度スピードに乗ったところでプラスしてやり、さらに加速していくといった走りができる。

マニュアル車はクラッチを踏む間にタイムロスが生じるが、それがないのだから速いわけだ。シフトのダイレクト感やレスポンスの速さも最近はどんどん向上している。とくにVW、アウディ系が先鞭を付けた「DSG」などの新しいタイプのデュアルクラッチトランスミッションは、オートマチックでありながら、シフト操作への反応が速くて感心する。

もし、あなたのクルマに＋－のゲート（あるいはパドル）があるなら、Dレンジに入れっぱなしではもったいない。積極的にそいつを動かし、ギアを選んで走れば、山道はずっとスムーズで楽しくなるはずだ。

山道のコーナー1

進む方向に視点を定め有視界ドライブに徹する

コーナリングでもっとも大事なことは何か。そいつはよく見るということである。ヒール・アンド・トゥなんぞどうでもよろしい。そんなことより、進む方向にしっかり視点を定めること、そしてなるべく先を見て、先が見えないなら警戒し対策することだ。そうでなければ、きちんとしたコーナリングはできない。コーナーを走るときは、視点をコーナーの出口に向けてそらさないこと、コーナーの先がどうなっているかわかるまではアクセルを踏み込まないことである。

クルマはドライバーの見ている方向に向かって進む。これは山道だろうが高速道路だろうが同じことだ。コーナリングの最中センターラインを見るかと思えば、外側を気にしたりと、視線が定まらないと、クルマは外にふくらんだり、妙に内側に切れ込んだりして、きれいなラインを描けない。こいつはオーバーステアとかアンダーステア以前の問題だ。視点がしっかり定まっていれば、コーナーの向こうからバイクが飛び出してくるなど、コーナリング中のアクシデントにも的確な対応ができる。

平地と異なり山道がやっかいなのはブラインドコーナーがあることだ。コーナーの内側が谷ならコーナーの先まで見通しが利くが、内側が山になっていると、向こう側がどうなっているのかまったく見通せない。とくに左コーナーで内側が山というのが剣呑である。

右でも左でも、ブラインドコーナーでは対向車のはみ出しを警戒して、センターラインから離

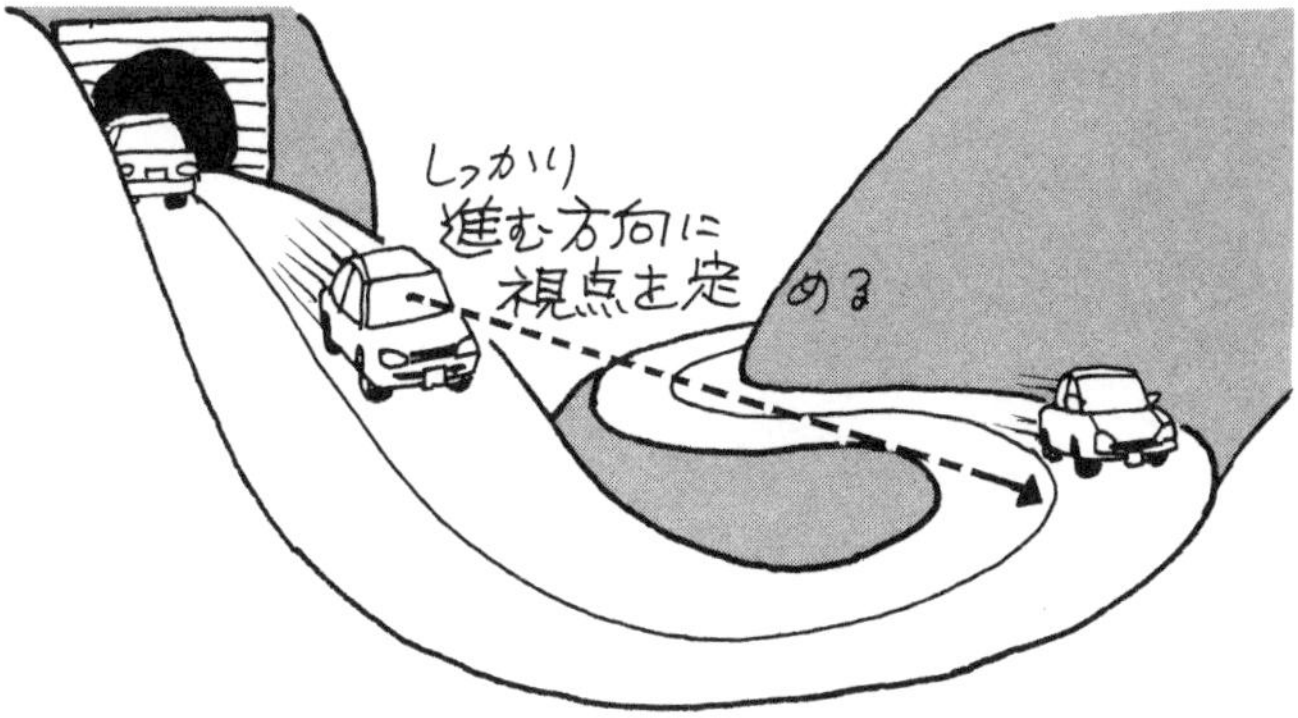

クルマは視線の方向に進むもの

れて走るのが原則だ。左コーナーなら内側、右コーナーなら外側にそって走る。ことによったらオートバイがセンターラインを越えて飛び出してきたり、インに切れ込んだ暴走車が突っ込んでくるかもしれぬ。50cm離れていたおかげで、ギリギリ事故を避けられたというのはよく聞く話だ。

といっても、山道では山菜採りのおばさんやハイカーなどが路側帯を歩いており、道ばたの草で隠れていることがあるから注意が必要だ。ブラインドコーナーでは、いかに腕に自信があってもスピードは控えたほうが賢明である。ドキッとしたときはまずもう遅い。ドキッとして何事もなかったときは、ただ運がよかっただけなのだ。

アクセルを踏み込むのは、十分視界が開けてからだ。コーナリングのセオリーからすれば、ブレーキをかけてクルマの荷重を前に移動してやり、フロントタイヤに荷重がかかったところでスティアリングを切りはじめ、アクセルオンといきたいところだが、ここは公道である。何が出てくるかわからないところでは、それに対処する余裕を持たねばならぬ。あくまで有視界ドライブに徹することだ。

先行車に追従して「タマヨケ」に使うといい

タイトなブラインドコーナーの続く山道では、先のほうがどうなっているのか、対向車がいつ来るのか、少しでも情報が欲しいところだ。先を知る手がかりは多くはないが、あるのであれば見逃す手はない。たとえば、コーナーを抜けると、一瞬、谷の向こうに先の道路が見えるということがある。そんなとき、向こうから対向車がやって来るのが見えれば心構えができる。

とくに見通しの悪いコーナーにはカーブミラーが設置されている。むろんこいつを見ながら走るわけだが、こういうところでは先の状況を知ろうとすると同時に、自分の存在を対向車に伝えることも大事だ。見通しの悪い山道では、私は明るい昼間でもかならずヘッドランプを点灯する。私と同じようにカーブミラーをのぞきながらやって来る対向車の運転手に、こちらの存在を気づいてもらいやすくなるからだ。同じ理由で意外と走りやすいのは夜だ。対向車が来ているかどうかは、対向車のヘッドランプの光でわかりやすい。耳もフルに使う。「警笛鳴らせ」の標識があるコーナーはむろんクラクションを長めに鳴らすが、サイドウインドウを開いて、相手のクラクションもよく聞こえるようにする。

カーブミラーや警笛鳴らせの標識があるということは、そのコーナーが深く切れこんでいるということだ。うかつにオーバースピードで曲がると、ステアリングを切り遅れ、コーナーから飛び出してしまう。ブラインドコーナーの外側はおおかた谷だ。転落したらオダブツだ。

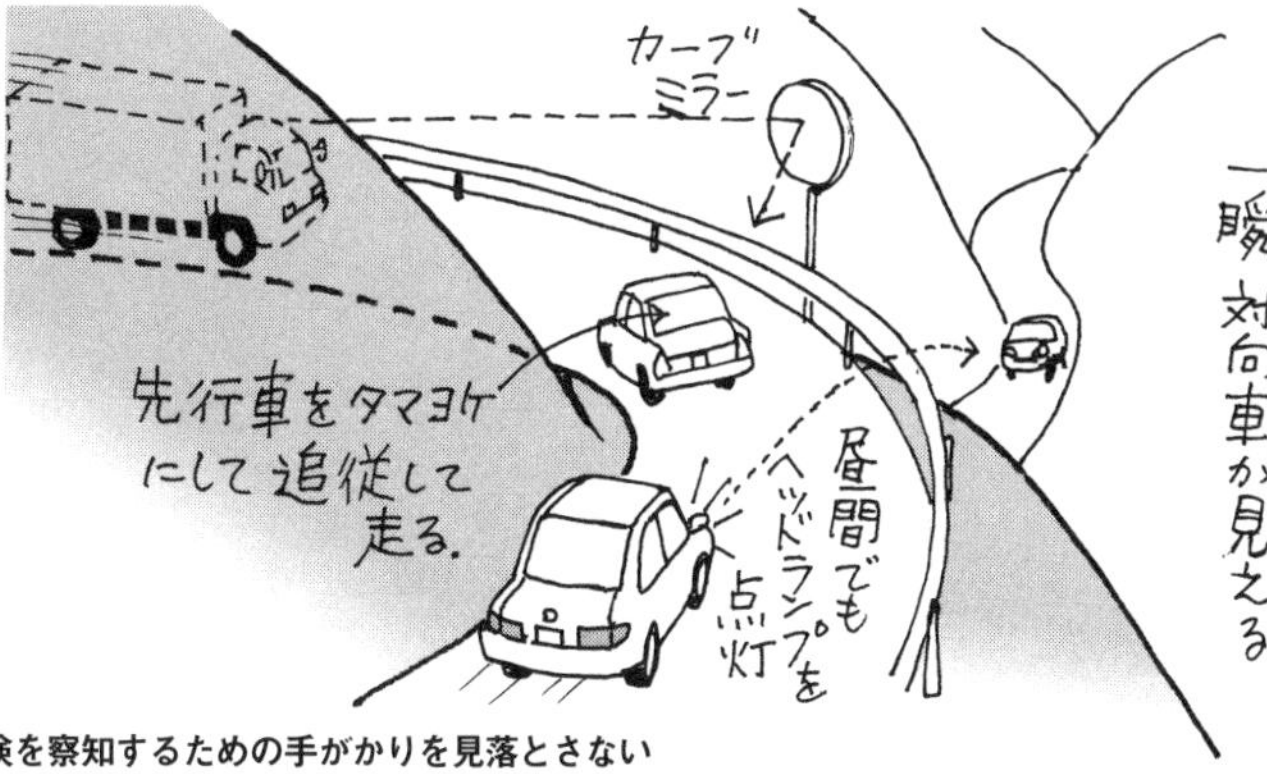

危険を察知するための手がかりを見落とさない

山道で危険を早めに察知する方法としてオススメなのは、先行車を「タマヨケ」にして追従することである。一般には先行車に追従する運転は感心しないが、見通しが悪い山道ではどのみち何十mも先は見えないのだから、先行車に追従したほうが安全だ。前のクルマのブレーキランプが対向車やきついカーブがあることを教えてくれる。見通しの悪い山道で追い抜かれたら、抜き返そうなどと考えず、20〜30m程度の車間距離を取って、追従すればいい。リスクはそのタマヨケが背負ってくれるというわけだ。

山道で怖いのはブレーキのフェードだ。フェード気味だなと思ったら、シフターを3速から2速へ、さらに1速へと落とし、最後はサイドブレーキで停止する。CVTならSレンジ、最後はBレンジに入れれば、エンジンブレーキが効いてくれる。ハイブリッドカーの場合は、前述のエンジンブレーキが強く効くレンジに入れてスピードを落とす。1時間ほど待ってブレーキをよく冷やし、2速あたりでエンジンブレーキを効かせてそろそろと山を下り、最寄りの修理工場に飛び込んでブレーキを点検してもらうことだ。

細い山道・悪路

冒険心で妙なところに入り込んではダメ

もっと細い山道で問題となるのは、すれちがいである。こういう道では対向車が来ていないか気をつけることだ。1台ぶんの道幅しかなければ、どちらかがすれちがえる場所までバックしなければならないが、エンジン音などで対向車が来ることを察知できれば、あらかじめ道幅の広いところで待つことができる。狭い悪路でギリギリのすれちがいをしなければならないときは、ボディの傾斜に気をつける。道路は水はけのため中央が高くなっているから、基本的にこすれあうことはないが、ひどい悪路だと左側の岩などに乗り上げて右側に傾き、ボディをこすることがある。だからといって不安がってむやみに左に寄せるのもまずい。左が山側でも、側溝にタイヤがはまったり、谷側なら最悪の場合は転落してしまう。クルマを降りてよく確認、相手とも相談して、無理そうだったらバックして違う場所ですれちがうべきだ。

いまではかなりの山奥へ行っても道路はキレイにアスファルト舗装されており、突き出した岩でクルマの腹をこするなどということは本当に少なくなった。わずかに残るダート、林道は環境破壊を防ぐためおおかた一般車進入禁止となっており、4WDがその走破能力を思う存分発揮できるような状況はほとんどないといってよい。

それだけにSUVマニアは、残された数少ない林道や河原にどっと押しかけるわけだが、4WDの走破性を過信して妙なところに入り込まないほうがいい。いくら通行禁止でないからといっ

すれ違うのが無理なら
広い場所までバックする。

相手が大型車ならこちらがバックしてあげよう

て、せいぜいクルマ1台ぶんぐらいしか通れないような狭い林道に、ランドクルーザーのような大型ＳＵＶで入り込むと、にっちもさっちもいかないことになってしまう。こういうところを行けるのは、地元の４ＷＤ軽トラックやジムニーのような、軽くて小回りの利く軽４ＷＤだけなのである。

細い悪路の山道では、うかつに泥濘や水たまりに突っ込んではいけない。泥濘の底が深いと、たちまちはまり込み、いかに４ＷＤといってもタイヤは虚しく空回りするだけとなる。こいつはウインチで引っ張り出すか、他の４ＷＤに牽引してもらうしかない。こういうところに行くには、最低２台以上でチームを組むのが原則だ。また水たまりも都会の水たまりとは違う。どの程度深いかわからないし、水の底に何があるかもわからない。クルマを停めて、いちいち水たまりの深さを測ってからでないと、うかつに入れない。

また、４ＷＤで悪路を楽しみたいなら、その手の施設でやることだ。河川敷に乗り入れて植生を荒らしたり、砂浜に乗り入れてウミガメの卵をつぶしたりなどという暴挙はやめにしてほしい。

コーナリングとタイヤ

どのタイヤに荷重がかかっているか意識する

山道での運転はもちろん安全が第一だが、その範囲内でコーナリングそのものも楽しんでもらいたい。いちばん意識してもらいたいのは、タイヤをうまく使うことである。

タイヤにかかる荷重（タイヤを上から押しつける力）は四六時中変化している。加速時は後輪に荷重がかかり、ブレーキをかけると前輪にかかる。クルマのブレーキは前輪のほうが強く効くようにできているが、それは制動時に前輪に荷重がかかるので摩擦力を得やすく、強くブレーキをかけてもタイヤが滑りにくいからだ。逆に後輪は荷重が抜けて浮き上がり気味となり、摩擦力が減っている。このとき後輪をブレーキで強く締めるとロックしてしまう。

コーナリング中は荷重は外側にかかる。右コーナーなら左側だ。ブレーキをかけながら右コーナーに入れば、左前輪に荷重がかかる。こうすると、左前輪の摩擦力が強くなり、曲がる力も強くはたらく。うまいドライバーは、コーナリングのさい、ブレーキコントロールで前輪に強い荷重をかけておいてからスティアリングを切る。すなわち前輪の摩擦力をフルに使って曲がっているのだ。もっとも、摩擦力の限界を超えてブレーキを強く踏むと、クルマはあさっての方向に行ってしまうが。

クルマを走らせるときは、タイヤにかかる荷重移動を意識することが大事だ。タイヤのグリップをフルに使って、スムーズに走ることが大事なのだ。いま、自分のクルマの荷重がどこにかか

タイヤをうまく使うことを意識する

っているのか意識しながら走ってみよう。ただ漫然とアクセルを踏んだり、ブレーキを踏むのでなく、4つあるタイヤのうちどれに荷重が強くかかっているか意識するのである。これがわかってくると、雪道でもスムーズに走れるようになる。うかつなブレーキングはしなくなるし、アクセルの踏みどころも的確になる。

コーナリングのマニアはタイヤにも凝って、ホイールを大径で幅の広いものに替え、タイヤを扁平なものにする。しかし、それはオススメできない。いまは各メーカーからさまざまなタイヤが売られているが、サイズは純正のものにしたがって同じサイズのタイヤを使うこと。メーカーはそのクルマの性能が最大限発揮できるようタイヤを選定している。

妙に幅広のタイヤを履くと、フェンダーにぶつかってステアリングが切れなくなったり、サスペンションのセッティングがおかしくなる。柔らかいコンパウンドでグリップのよいタイヤとか、グリップは多少犠牲にしても、静かに走れ、長持ちするタイヤなど、その種類は千差万別お好み次第だが、とにかくサイズだけは遵守することである。

早めに判断して駐車場などにクルマを停める

標高の高い山岳道路で、突如襲ってくるのが霧だ。霧にもいろいろあって、地表付近だけをうっすら覆う霧や、ある程度先まで見通せる薄い霧ならいいが、ワイパーでぬぐってもぬぐってもフロントスクリーンが曇ってしまうような深い霧は、昼夜を問わず対処のしようがない。ヘッドランプを点灯しても、光が霧の粒子に拡散され、ミルク色のカーテンになってしまい、まったく見通しが利かなくなる。

こうなったらとにかくスピードを落とし、徐行の一手だ。センターラインの白線を頼りにそろそろと行く。ま、いわれなくとも誰だってそうなればそうする。そしてそれで正解である。

少しでも遠くを見ようとヘッドランプをハイビームにしたくなるが、やめたほうがいい。対向車を眩惑させてしまう。それで遠くが見えるわけではないし、ミルク色のカーテンが広がってかえって見えづらくなるだけだ。フォグランプにも気休め程度の効果しかない。黄色い光だからといって、遠くまで見通せるわけではないのだ。こいつはむしろ対向車に視認してもらうことと、足下を広く照らすのが目的で、最近は黄色のものより白色のものが多くなった。

また、フォグランプをいくらたくさん取りつけたところで、これまた効果なしだ。そもそも道交法の保安基準では、フォグランプは3つ以上同時に点灯させてはいけないことになっている。またその明るさもヘッドランプと合わせ、22万5000カンデラ以上は許されない。よく、強烈

危険を感じたら早めに退避

な補助ランプをピョコピョコゆらしながら走っているクルマがいるが、そいつは道交法違反である。

先行車があればありがたい。先行車のテールランプを頼りにして、そろそろとついて行ける。抜きたいクルマはどんどん抜かせてやり、タマヨケになっていただこう。クルマによってはリアフォグランプがつけられている。こいつは輸入車に多いが、ボディ下部にとりつけられている赤いランプだ。霧のなかを追従するときはけっこうありがたい。

ただし、いかに徐行といえど車間距離はある程度とったほうがいい。ぴったりくっついていると、先行車が何かを発見、いきなり急停車してゴツンということになる。そこに後ろからクルマが来て多重追突というのが最悪のパターンだ。

追従も不可能なほど霧が深くなったら、クルマを停めて霧が晴れるのを待つ。むろんランプは点灯したままだ。そのさい路側帯に停めるのは危険だ。駐車場など、なるべく道路から外れたところを探して、そこで停めること。これは早めの判断が必要である。駐車場を探すのも困難なほど霧が濃くなってからでは、どうしようもない。

雪道1

おろそかにできない雪道のための装備と対策

雪道というのは、地元の人にとっては日常にすぎない。雪道で大騒ぎするのはたいていよそ者である。ここから先の雪道の項目は、雪国の人は読む必要はないので、飛ばしてください。ここで私が説明することは雪国の人は百も承知でしょうから。

雪道を行くには、そのための装備がもっとも大切だ。まず一般的にはタイヤチェーンだが、こいつは取りつけに慣れておくこと。いまはさまざまなタイプのものが出ており、製品ごとに取り扱い方法がまったく異なるので注意が必要だ。乾いた道の上で一度は練習しておいたほうがいい。もちろん駆動輪に取りつける。ＦＦなら前輪、ＦＲなら後輪である。

スキーなどに出かける機会の多い人は、スタッドレスタイヤとホイールの冬用セットを用意しておき、雪道へ行くときはこいつに履き替えるようにするといい。タイヤチェーンよりもスタッドレスタイヤのほうがずっと性能が高いのでこのほうが安心だ。ただ、タイヤ4本はかなりの場所ふさぎだ。スタンドのなかには、タイヤを保管してくれるところもあるが。

雪かき用のスコップと軍手もかならず積んでおこう。夜間にチェーン装着を強いられることも多いので、懐中電灯も必要だ。また用心のため牽引用ロープも用意しておくといい。吹きだまりなどに突っ込んでしまった場合は、他車に牽引して引っ張り出してもらうしかない。ただし牽引してもらうのは、トラックかＳＵＶでないと無理だ。

基本的な対策をしっかりしておく

バッテリーがへたり気味だったら、早めに交換しておく。バッテリーは寒さに弱いものなのだ。寿命まぢかのバッテリーは寒いところでは一晩でダメになり、スターターを回せなくなってしまう。

外気が零下5度、10度に下がる寒冷地では、駐車するときにパーキングブレーキをかけないようにする。パーキングブレーキのワイヤが凍結して、リリースできなくなってしまう。オートマチックのシフターをPかRに入れて駐車する。

また、ワイパーはかならず起こしておく。エンジンを切って停めると、クルマはすぐに冷える。ワイパーはあっという間にフロントガラスに凍りつき、動かなくなってしまう。

坂道に停めるときは、かならずフロントを坂下に向けて停める。また、スキー場の駐車場などでは一晩のうちに雪が1m以上も積もり、クルマが完全に覆われてしまう。軒下の雪が落ちてきそうな所や、吹きだまりになりそうな所には停めないことだ。こうしたスキー場ではブルドーザーで除雪しており、停めておいたクルマに気づかず、雪ごと崖下に落とされるという、泣くに泣けない珍事がときどき起こる。

雪道2

あらゆる動作を慎重に静かにおこなうほかない

雪道に入ったら急と名のつく操作はいっさい御法度である。急ブレーキ、急ハンドルはもちろん、急なシフトダウンもおこなってはならない。スタートはスティアリングをまっすぐにして、マニュアル車はセカンド発進が原則だ。ローでラフにスタートすると駆動輪がスリップし、埋まってしまう。オートマチックに雪道モードのスイッチがついていれば、それを使う。

上り坂では絶対に止まらないことだ。いったん止まってしまうと、こんなゆるいところでと思うような坂でもタイヤがスリップし、立ち往生してしまう。坂の途中に信号がある場合は、先行車との間隔を大きくとり、赤信号に引っかからないよう、青信号のタイミングを見計らいながらトロトロと進む。４ＷＤはさすがに重宝で、雪道での坂道発進には力を発揮する。普通にアクセルを踏んでもスムーズにスタートしてくれ、たしかに上りには強い。

しかし、下りは２ＷＤとまったく変わらない。下り坂はエンジンブレーキで粛々と下りる。４ＷＤでも２ＷＤでも、下りで強いブレーキをかけると荷重がフロントタイヤに移り、浮いたリアタイヤが横滑りしてしまう。こんなときはブレーキを放して、軽くアクセルを踏んでやればいいのだが、それにも限界がある。下り坂は慎重に下りることだ。ＡＢＳを過信してはいけない。ロックしない代わりに雪道では制動距離が延びてなかなか止まらないのだ。

走りやすいのは新雪が踏み固められた路面だが、雪の降りはじめや解けはじめは、シャーベッ

上り坂では絶対に止まらないこと
下り坂は
エンジンブレーキで
粛々と降りる

上りも下りも坂道は注意

ト状になっており、滑りやすい。早朝や深夜には路面が凍結し、ツルツルになっている。こうなるとスタッドレスでも歯が立たない。怖いのはツルツルに凍結した路面の上に新雪がうっすら積もっている場合だ。走りやすいので油断しているとツルッ、ドシーンである。

好天で路面が乾燥している場合でも、山側の日陰、橋の上などはブラックアイスといって、路面が黒くなっているのに凍結している場合がある。不注意にその上を通ると、たちまちスリップしてしまう。外部気温計のついているクルマは、気温が0度以下になっていないか要チェックだ。

高速道路で雪の降りはじめに出くわすと、実にやっかいだ。路面はしだいにシャーベット状となり、いかにABSつきといえど、急ブレーキを踏んだら一発でクルマがとっちらかる。スピードを落としたいのだが、クルマの流れはなかなかスピードが落ちず、ヒヤヒヤものだ。どのクルマも後ろを気にしてスピードを落とせないのだ。雪がちらつきだし、これから積もりそうな気配だったら、なるべく左側の車線に移り、スピードを落とせるようにしておいたほうがよい。

雪道3

細い脇道には絶対に入ってはいけない

いまや雪国でも、よほどの山奥でない限り、幹線道路は基本的に除雪が行き届いている。道路自体もよくなっているから、タイヤチェーンやスタッドレスなど、ごく基本的な装備をして、常識的なペースで運転していればまず大過なく走れるはずである。

逆にいえば、雪国に入ったら、地元のクルマが入らないようなところには、絶対に入ってはいけないのだ。たとえ4WDで走破性に自信があろうとも、クルマの通った跡のない細い道など、まちがっても行かないことだ。あくまでクルマが走っている幹線道路だけを走るようにする。

そういう細い道は除雪もされていない上、地元のクルマも滅多に通らない。誰もいない雪道というのは恐ろしいものだ。いざ、クルマが雪にはまりこんでしまうと、自分一人の力ではどうにもならない。人手を借りて押してもらうか、牽引ロープで引っ張り出してもらうことになる。それが他のクルマがほとんど通らないようなところではまりこんだら、たとえ牽引ロープを用意していたところで何の意味もないのである。携帯電話だって通じるかどうかわからない。となると、どこか人通りのあるところまで歩いて、助けを求める以外ない。

雪国のドライバーはさすがに運転がうまく、スムーズに走る。ここでうまいというのは、速く走れるという意味ではない。地元のドライバーは雪道でやってはならないことをよく知っており、また変なところに入っていかないのだ。彼らはすれちがいのときなど、なるほどと思うようなと

幹線道路をはずれてはいけない

ころで停止する。変なところですれちがおうとして路肩に寄ると、抜け出せなくなることをちゃんと知っているのだ。郷に入っては郷に従えだ。地元のドライバーの運転をよく観察するといい。

一昔前は雪道でクルマが横滑りをおこしたときは、振られた側にスティアリングを切って修正したものだった。雪道をしばらく走って慣れてくると、こいつを誰でも自然におこなうようになった。いわゆるカウンタースティアというやつである。しかし、たいていは切りすぎて、今度は逆に振られる。さらに慣れてくると、アクセルを踏んだりゆるめたりすることで、クルマの姿勢をコントロールできるようになる。

とはいえ、最近はＥＳＰやＶＳＣなどと呼ばれる「横滑り防止装置」がすべてのクルマに義務づけられたおかげで、こんなテクニックにも出番がなくなってきた。クルマの姿勢が乱れそうになると、クルマがアクセルやブレーキに介入して横滑りを防いでくれるからだ。しかし、これにも限界はあるから注意が必要である。非常識なスピードで突っ込めば、横滑り防止装置もカウンタースティアも役に立たないのだ。

第8章

長距離ドライブのすすめ

長距離ドライブのススメ

自由気ままなクルマ旅行をもっと楽しんでほしい

日本のドライバーの年間走行距離が年々、短くなっているという。それはそうだ。年がら年中、道路が渋滞し、駐車場を探すのがタイヘンで、おまけに高速道路料金が高いときている。しかし、クルマはガレージに飾っておく置物じゃない。乗ってナンボである。いや、通勤や買い物、あるいは子供の学校への送り迎えといった日常の足としてだけではない。私はクルマに乗って、まだ行ったことのないところへ長距離ドライブすることをオススメしたいのだ。

クルマというヤツは使いようによって経済的だ。新幹線との比較でいえば、高速料金とガソリン代の合計は2人乗ってほぼ同じくらい、3人乗れば割安、4人で行けば半額になる。それに目的地に着いてからの移動が楽だ。荷物をたくさん持っていけるし、温泉やらちょっとした旨いモノ屋などもクルマで探せるから、素泊まりの安い宿でも十分楽しめる。

とまあ、いろいろ利点を連ねたが、私がクルマ旅行が好きな本当の理由は、時間に縛られず、自由気ままな旅ができることに尽きる。鉄道も飛行機も、切符を買って出発時間に縛られる。しかしクルマは行きたいところに、好きなときに行けるのである。

日本ではクルマの長距離旅行といえば、盆暮れの帰省ということになるが、こいつはあまり楽しくない。主に家族旅行を安くすませるため、クルマを使うというわけだ。しかし、高速道路は大渋滞し、サービスエリアは阿鼻叫喚、お父さんはくたびれ果ててダウンしてしまう。そもそも

自由気ままがクルマ旅のいいところ

義務の旅行では楽しさは半減する。

クルマは自由気ままに、思い立ったらその場で行きたいところに行けるのが最大の魅力だ。日本という国は意外と広い。実際に行ってみると、テレビや雑誌などで知っていた間接情報と異なり、新鮮な事物があふれている。また、地方地方の食べ物の楽しみもある。

仕事をリタイアした老夫婦が、それまで行ってみたかったところにクルマで行く。あるいはお金のない学生が、夏休みを利用してボログルマに泊まり込みながらの北海道一周なんてのもいい。おっくうなのはやらないからである。一度、時間をとって東北一周とか、山陰の海岸線探訪などやってみるといい。思ったよりずっと簡単に感じるだろう。

いまや旅行は新幹線や飛行機でというのが一般的だが、そいつはただ、いち早く目的地に到着するための移動にすぎない。クルマはその移動自体がいいのだ。夜行寝台も、各駅停車も滅びつつあるいま、旅行らしい旅行を楽しめるのはクルマである。ひとつ地図を広げてクルマ旅行を計画してみてはいかが。それだけで楽しい気分になれますヨ。

一般道で寄り道しながらの旅がいいのだ

日本という国はヨーロッパのようなグランド・ツーリングには適していない。ほぼ全国津々浦々すばらしい高速道路網が通じており、その気になれば離島以外どこにでも行けるが、使えない。お役人とゼネコンが甘い汁を吸いまくり、かつ政策的に鉄道や航空機とほとんど変わらない料金設定にしているので、通行料がバカッ高いからだ。

たとえば東京外環の三郷から東北道を青森まで行くとすると、通常で約1万4000円。ETCを搭載して真夜中に走り、すべての割引をフルに活かしても、1万円ちょっとだ。ここにガソリン代が加わる。50ℓほど消費するとすれば6000円程度。合計で2万円見当だ。往復4万円である。ちょっとした快適なホテルの2泊ぶんに相当する。

こいつを新幹線と特急を乗り継いで行くと、東京—青森間が1万7000円少々だ。飛行機の割引チケットも同じくらい。往復だと約6000円が浮くから、新幹線か飛行機で行くか、となる。実にうまくできている。お役所はドライバーをクルマに乗せたくないのである。

対抗策としては最低2人以上で行くことだ。4人になれば1人1万円となりお安い。6〜7人乗りのミニバンなら、もっとお安くなる。しかし、そいつはもはやバス旅行であって、ドライブの楽しみなんてなんにもない。ただの移動である。

では、どうするか。私は出発地から100kmぐらいまで高速道路を使い、そこからは高速を下

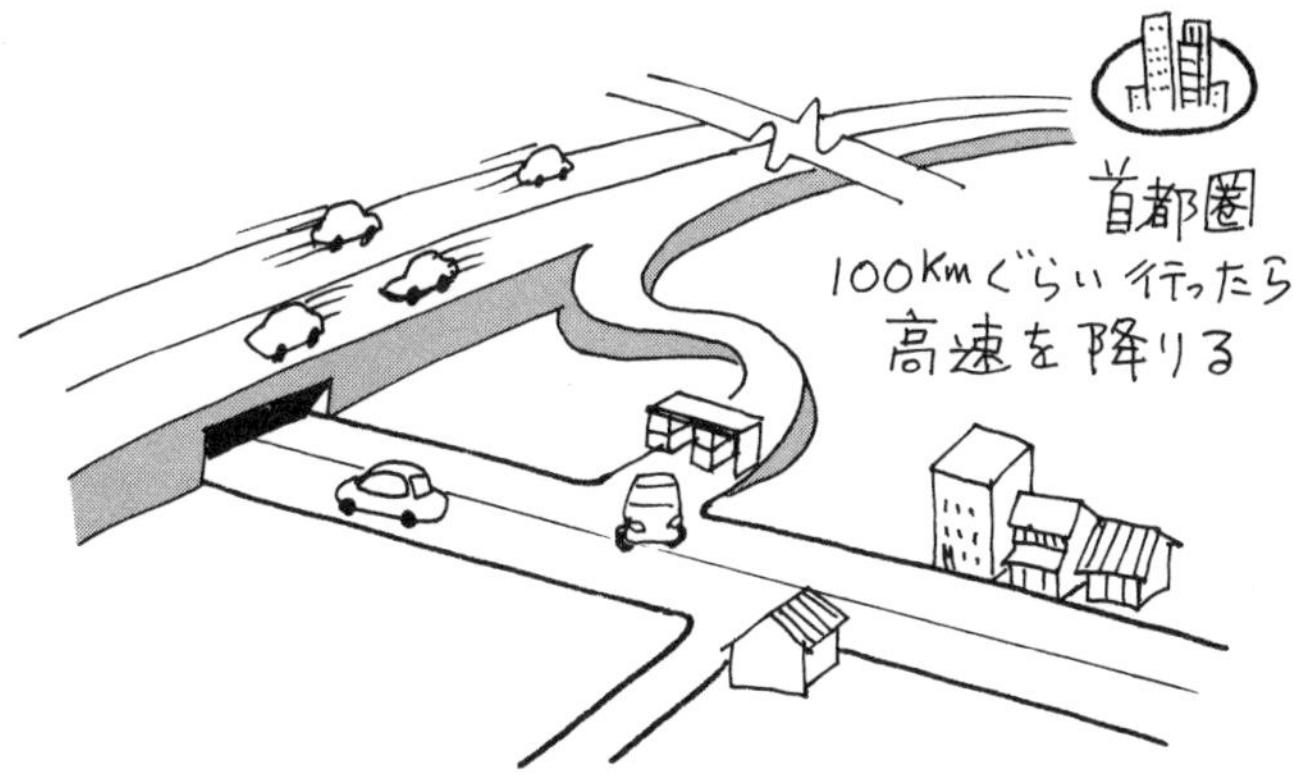
首都圏
100Kmぐらい行ったら
高速を降りる

景色のいい一般道を行こう

りて下の道を行くというのがいいと思う。東京や大阪から50km圏内は、下の道は渋滞の連続である。しかも国道の両脇には中古車屋、パチンコ屋、安売り紳士服店、焼肉店が並んでいるばかり。美しい景色なんぞどこにもない。

しかし、都市圏から100kmも離れると下の道はなかなか快適だ。緑も多くなり、平日ならガラガラにすいて、快適なドライブが楽しめる。高速道路では見過ごしてしまう名所旧跡がそこらじゅうにある。気が向いたら好きなところで停まって、見物ができる。私が好きな「道の駅」もところどころにあって、その地の名産などを物色できるのもいい。

平日のすいた一般道なら、1時間で30〜40kmは行ける。いや、何も先を急いで距離を稼がなくてもいいのだ。クルマでドライブする過程が楽しいのである。ゆったり下の道をドライブしながら、ちょっと気に入った街や湯治場があったら、そこで1泊すればよい。できればもう1泊して辺りを周遊するのもいい。予定に追われず、気ままに行きたいところに行く。こいつがクルマの旅の醍醐味だ。快適な道はふんだんにあるのである。

1・5〜2ℓクラスの小型車でも十分だ

長距離を行くとなると大事なのは燃費である。燃費のいいクルマはあらゆる面で有利なのだ。私の大好きなレンジローバー、こいつは長距離をやるにはなんとも気持ちよろしきクルマだが、いかんせん燃費が悪い。ガソリンをガブ飲みするので、高速道路でも6〜7km／ℓくらい。快調に飛ばしていてもすぐにガソリンスタンドで給油である。さっき追い抜いていったカローラに、あっさりと抜き返されてしまうのだ。

じゃ、軽自動車はどうかといえば、こいつもオススメできない。なにせ高速を走るにはトルクが足りない。たしかに100km／hは出ることは出る。しかし、のべつアクセル踏みっぱなしの100km／hで、2〜3時間も走れば、くたくたになってしまう。加速力がないから、大型トラックに前後をはさまれたときが怖い。それに軽自動車は肝心の燃費がよくない。のべつアクセルを踏みっぱなしなので、カローラやフィットあたりの小型車に負けるのだ。軽自動車はやはり日常生活の道具であって、ちとグランド・ツーリングをするには無理がある。

大排気量の高級車は快適であるし、疲れないが、私は日本国内の自動車旅行なら、1・5ℓから2ℓぐらいの小型車で、十分ものの役目を果たすと思う。できれば全長4・6〜4・8m級のセダンかワゴン、SUVなら荷物も積めて、後席でも快適だ。スバル・レヴォーグやマツダ・アテンザ、あるいはトヨタ・ハリアーや日産エクストレイル、マツダCX―5、スバル・フォレス

ミニバンよりセダンやワゴンがいい

ターあたりのクラスだ。トヨタ・プリウスなどのハイブリッドカーも、かつてよりドライバビリティが改善され、長距離ドライブに向くようになってきた。何より燃費がいい。

マツダ・ロードスターのようなオープン2シーターもいいなと思う。2人乗って、まずまず1〜2泊ぶんの荷物も積める。何よりいいのは空気のいいところ、涼しいところで屋根を開け、オープン・エア・モータリングが楽しめることだ。オープン2シーターならダイハツ・コペンやホンダS660もあるが、こいつではちと長距離はムリだろう。なぜなら荷物のためのスペースがほとんどないからだ。日帰りで東京—箱根間くらいの距離を往復するような使い方しかできまい。

では、ミニバンはどうか？　こいつはツーリングカーとはいえない。6人も7人も乗れば、なるほど高速料金もガソリン代も、アタマ割りでお安くはなるが、その6〜7人ぶんの荷物が載らない場合が多く、結局、大人数での2泊以上のレジャーは難しい。4人以下なら荷物が積めるが、だったらセダンで十分。それにミニバンには気ままに走る楽しみなどどこにもない。こいつの運転手をやるのは、労働でしかない。

地方は都会とは違うということを知っておく

東京に限らず大都市の中心部では、免許を持っていない、あるいは、免許は取ったがどうも自分は運転に向いていないようだからクルマに乗っていないという人が、けっこういる。

都市では公共交通が発達しているから、どこへも電車を乗り継いで行けるし、電車が通っていない地域でもバスが10分おきくらいに来る。それに、都市の中心部は地価も高いから、そこに駐車場を持つにはお金がかかる。つまり、都市ではクルマは絶対に必要なわけではない上に、お金のかかるものなのである。それでもクルマを持つのは、クルマが好きな人だけだ。大都市で走っているクルマのドライバーは、クルマ好きと、職業運転手がほとんどで、運転が苦手な人はクルマに乗っていない。こうして、結果的に大都市では下手なドライバーは路上から排除されている。

ところが、地方ではまったく事情が異なる。いまの地方では公共交通機関が衰退し、すべての人がクルマに乗らなければ生活していけない。たとえ本人が運転の適性のないことを自覚していたとしても、年をとって運転に自信がなくなったとしても、クルマに乗らないわけにはいかない。都市なら路上から排除される人が、地方の路上にはたくさんいるのだ。

地方の読者には失礼を承知で、都会の人に注意をしておきたい。地方には下手なドライバーがうようよ走っていることを前提にしたほうがよい。総じてマナーのよい大都会を走り慣れているドライバーが、いつもの調子で、ゆっくり流れている渋滞に鼻先を入れようとすると、ドスンと

調子よく飛ばしていると痛い目にあう

ぶつけられるということになるかもしれないのだ。脇道から優先道路への出口で一旦停止をせず、こちらの進路をふさぐようにズルズルと出てくるクルマもいる。こちらが見えているはずだから止まるだろうと思ったら大間違いで、そのままガシャーンとあいなってしまう。地方の道はすいているから、調子よく飛ばしていると痛い目にあうから注意が必要だ。

また、夜になったら飲酒運転のクルマに気をつけること。最近は取り締まりがきびしくなって減ったようだが、地方は都会とくらべて飲酒運転が多い。これまた公共交通機関がないからだ。ときどき警察官や公務員の飲酒運転が新聞紙上をにぎわすが、こいつは氷山の一角だ。

もうひとつ気をつけなければならないのはスピード違反の取り締まりだ。地元のクルマは、警察がいつもどこで取り締まりをするか知っているから、なかなか捕まらない。だからどうしても、他県ナンバーのクルマがねらわれるということになる。私も、某県の某高速道路でスピード違反で捕まったことがあったが、パーキングエリアにずらりと並んだ違反車はことごとく他県ナンバーであった。

道を探しながら進むのはあまりに危険だ

どこか遠くへ出かけたとき、道に迷ったと気がついたら、とりあえずクルマを停める。そして地図で現在位置を確かめる。もし、それで現在位置がわからなかったら、Uターンなり、切り返しなりをして元のところに戻ることだ。そして一からスタートしなおす。むやみに走っても傷口を深くするだけである。

道を探しながら進むのはとても危険だ。注意力が分散され、通常なら気づくべきことをつい見逃してしまうし、地元のドライバーなら誰でも知っている危険に知らぬがゆえにはまりこんでしまうからだ。地方へ行って迷うのも大変だが、逆に地方の人が、東京や大阪などの大都市で道に迷うのも危ない。冬休みや夏休みのころ東京の街を走っていると、複雑怪奇な都市の道路に翻弄され、止まるでも曲がるでもなくふらふらしている地方ナンバーのクルマがよくいる。もう危なくて見ていられない。お気の毒とは思うが、とにかく停まって地図を見ろといいたい。

とりあえず幹線道路に出ようと考えるのは正しいとしても、やみくもに進んではいけない。とくに夜はいけない。昼間なら多少道に迷っても、山などの遠くの目印でおおかたの位置をつかむことができるのだが、夜は目先しか見えないのでますますドツボにはまってしまう。地元ナンバーのクルマを安易に追従するのもよしたほうがよろしい。どんどん行くのについていったあげく、どんづまりの住宅街で車庫に入ってしまったなんてことになる。追従するなら、よそ者のナンバ

道に迷ったら、とりあえずクルマを停める
地図で
現在地をたしかめる

迷いながら進むと事態は悪化する

ーがよろしい。私だったら品川ナンバーについていくだろう。それならいずれ幹線道路に出ていく可能性が高い。ま、同じように迷っているクルマだったということもあるが。

何となく細い道を奥まで行ってしまうのだけはやめたほうがいい。バスや大型トラックが狭い道に入ってこないのは、切り返しが利かないからだ。こいつは小さな乗用車でも同じことだ。道に迷ったときは、切り返しやUターンできる余裕があるところまでは道を探してもいいが、狭くなりそうだなと思ったら、そこで停め、おっくうでも元に戻ること。抜け道を求めて冒険してはいけない。

いちばん手っ取り早いのは地元の人に聞くことだ。そう都合よく交番はないが、スタンドなりコンビニはどこにでもあるから、そこで聞けばよろしい。地方では今やおおかたの人が免許を持ってふだん運転もしているから、一方通行や進入禁止の情報を織り込んだうえで道を教えてくれる。幹線道路に出られたら、クルマを停めて再びじっくりと地図を見て、ドライブの全体象を把握しなおす。「わかったわかった」とあわてて出発するとまた同じことの繰り返しである。

カーナビ

注意して使えばこんなに便利なモノはないが…

カーナビは実に便利である。なにせご近所のタバコ屋まででも、知床岬の先端まででも、ボタンひとつでルートを教えてくれるのだから。こいつがあれば日本中どこへでも行けるわけで、道に迷わぬ。ちょっとした革命とさえいえる。カーナビがついていれば、それまで行くのがおっくうだったところに、ちょっと行ってみようかという気にさせてくれる。これがカーナビの魅力だ。

モノによっては30万～40万円と高価なカーナビだが、家電メーカーをはじめいろいろなところがさまざまな商品を売り出している。流行しているのは携帯電話と連携するタイプのもので、オーディオからテレビ、ＶＩＣＳ渋滞情報まで、あきれるほどいろいろな機能がついている。

しかし、多機能だからといって案内がうまいとは限らない。ことにＶＩＣＳ渋滞情報を織り込んだナビゲーションは、モノの役に立たないことが多い。幹線道路が渋滞しているときは脇道に誘導するのだが、脇道の渋滞状況は織り込まれていないことが多い。たいてい脇道も渋滞していて、かえって時間がかかることになる。また誘導する脇道がとんでもなく狭い生活道路である場合もある。素直に従っていると、子供が飛び出してきて事故を起こすかもしれない。

カーナビの怖いところはドライバーが素直になりすぎてしまうことだ。ドライバーは道路や景色を見ながら、総合的に自分の頭で判断するのだが、そいつをやめ、合成音声と画面表示だけに従うようになってしまう。ドライブの楽しみは自分のアタマを使って走ることだが、カーナビは

ドライバーがカーナビに素直に従うようになる。
カーナビを盲信せず、「考える運転」を

ドライバーにアタマを使わせず、バカにさせてしまう。

私は遠距離ドライブに行くときは、まず、かならず地図を見て全体のイメージをつかむようにしている。おおざっぱにいえば、まず関越を北に上がってから、上信越道で西へ向かい、それから北東の軽井沢へといった感じで、全体象をアタマに入れておくのだ。カーナビはその要所要所でディテールを知るために使う。

カーナビは機械的に、もっとも早く到着するように情報を伝えてくるが、ドライブとはそんな単純なものではない。ドライバーは少々遠回りでも、横道にそれて景色のいいところを通ろうかなと思うし、工事中だから迂回しようとも思う。そういえば、あそこにうまい蕎麦屋があったから、寄り道しようとも思う。こうした気ままさや、そのときどきに応じた判断で動くのが人間であって、それに応えてくれるからクルマは楽しいのだ。カーナビはこいつを少々スポイルする。

とはいえ、あって決して困るものではない。べつに高額商品でなくても、安いものでも十分である。ただし地図情報は最新版でないと混乱させられる。

第9章

クルマのメンテナンスとトラブル対策

気に入ったクルマを10年間大事に乗るといい

いまのクルマは耐久性がきわめて高くなった。とくに国産車メーカーは品質管理技術が世界でもトップクラスで、日本車はエンジン、トランスミッションなどの主要コンポーネンツは、機械的なトラブルはまず起こさない。新車で買って10年、10万kmは平気でもつ。大事に乗って、きちんきちんとメンテナンスしてやれば、20万kmやそこらはいけるはずだ。

長く乗って、もし問題を起こすとしたら電装関係だ。エアコンが効かなくなる、パワーウインドウが動かなくなる、ステレオが音を出さなくなるといった故障だ。いまは、いちいち分解修理なんて手のかかることはせず、ユニットを丸ごと交換するから、こうした部分の修理はけっこう高くつく。10万、15万円といった出費がかさむことになる。

こうした故障が頻発すると、古臭くなったスタイルと小傷だらけのボディを見やり、そろそろ買い換えようかという気になってくる。本当をいえば、1台のクルマを乗り潰したほうがいろいろな意味で環境負荷が少なくてすむのだが、新しいクルマは排ガスもキレイだし、環境にやさしいからなんて言い訳をしつつ、新車のカタログとにらめっこするのだ。

1台のクルマを長く乗ったほうがいいか、それとも5～6年ぐらいで買い換えていったほうがいいか。先に述べたように、新しいクルマを1台作るには、大量の資源を消費する（むろん、エネルギーとしての石油も大きな割合を占める）。こいつは大きな問題だ。

本当に好きなクルマなら10年つきあえる

しかし、新しいクルマは安全面が充実している。ＡＢＳ、横滑り防止装置、シートベルトプリテンショナー、サイドエアバッグなど当たり前になっているし、ボディの衝突安全構造も格段に進歩している。クルマによっては衝突の危険を察知すると、ドライバーより先にクルマが自分でブレーキをかけるメカニズムすらある。

いろいろ考えると、新しいクルマに軍配が上がりそうだが、私はあえてクルマは10年乗るべきだと思う。それも環境・資源のためにガマンしてというのではなく、満足して10年つきあえるクルマを選んで乗ることだと思う。値段が張るかもしれないが、心底気に入ったクルマは少々古びようが、飽きることがない。いや、時間がたてばたつほど気に入っていく。こいつは愉しいし、結果的に資源環境問題にも寄与する。

好きなクルマと長くつきあうには、メンテナンスをしっかりしてやることが大事だ。タイヤ、バッテリー、ブレーキパッド、ショックアブソーバーといった消耗部品は定期的に交換してやり、ふだんからクルマの調子に耳を傾けてやる。以下にその注意点を述べることにしよう。

タイヤのメンテナンス

タイヤは最重要部品だからつねに気にしてほしい

タイヤはクルマが唯一、路面と接するところで、クルマの走り、曲がり、止まりを支える重要部品だ。こいつが機能していないと、クルマはきちんと走ってくれない。いや、それどころか命にかかわる。タイヤのコンディションにはつねに注意を払うことだ。

クルマに乗る前にタイヤを目で確かめる習慣をつけたい。空気圧が減っているのは、タイヤのサイドウオール（タイヤの側面）を見ればおおかたわかる。もし、気になるようだったら、サイドウオールを靴先で押してみるといい。柔らかくなっていたら、バルブがへたってしまっているか、何かを踏んでスローパンクチャーしている可能性が大きい。

いまのタイヤはそれほどエア抜けしないが、それでも月に一度ぐらいはスタンドで空気圧をチェックしてもらうべきだ。空気圧が規定以下だと、転がり抵抗が増えて燃費を悪くする。また、空気圧の低いタイヤは高速走行するとしだいに波打って歪んでくる。これを「スタンディングウエーブ」といい、この状態がさらに進むと突然「バースト」、つまりタイヤが破けてボロボロになる。高速道路で長距離を走るときは、事前にスタンドで空気圧をチェックしてもらうといい。

タイヤは消耗部品である。タイヤの溝がどのくらい残っているかも知っておこう。タイヤの横に三角マークがある。山が減るとこのマークのところにスリップサインが出てくる。タイヤはスリップサインが出たら交換というが、実際はそれでは遅すぎる。溝の深さは3㎜ぐらいまでが限

長距離ドライブの前には空気圧をチェックする。

月に一度はチェックすること

界で、それ以上すり減ったらスリップサインが出ていなくとも交換するようにしたい。溝の減ったタイヤは乾燥した道は走れても、雨が降ると一発でスリップする。水を逃がすはずの溝が減ってしまったので、タイヤが直接路面に接することができず、水の上に乗ってしまうからである。

交換のめどは普通のクルマで3万kmぐらい。とくに昨今の柔らかいコンパウンドを使った高性能タイヤは減るのが早く、ものによっては1万5000kmぐらいで寿命がきてしまう。

タイヤは駆動輪のほうが先に減る。FFは前輪、FRでは後輪である。そこでタイヤの前後を入れ替える「ローテーション」をおこなうと均等に減って結果的にタイヤが長持ちすることになる。これは5000kmぐらいごと。クルマによっては前後のタイヤサイズが違い、ローテーションができないが、だからといって駆動輪のタイヤだけ交換しようとは思わないこと。交換は4輪全部おこなったほうがいい。

スペアタイヤの空気圧は意外と忘れがちだ。こいつもチェックしておこう。いざ、パンクしてタイヤ交換となったとき、スペアタイヤの空気が抜けていたのでは話にならない。

経験がないなら一度は練習しておくこと

タイヤの性能は相当良くなっており、また、道路も整備されているから、パンクにあうことはほとんどなくなった。それでもほぼ8万kmに1回ぐらいはパンクする確率だという。新車を買って、それを買い換えるまでに1回くらいはパンクにあうというわけだ。

いまのパンクはおおかたがスローパンクチャーである。いきなり空気が抜けるのではなく、ゆっくりと抜けていくのだ。たいがい道路に落ちている細かな金属片を巻き込んでなる。完全にパンクしていたらすぐにわかるが、スローパンクチャーのはじまりはなかなかわかりにくい。スティアリングが妙に右か左に取られるなと思ったら、まずスローパンクチャーを疑ってよい。

もし、近くにスタンドがあるなら、そろそろと進んで、そこへ持ち込んで直してもらう。しかし、スタンドが遠かったり、空気の抜け方がひどい場合は、その場でジャッキアップし、タイヤ交換しなければならぬ。大切なのはジャッキアップは平坦なところでおこなうということだ。坂の途中でやったら、交換の途中にジャッキがぐらりと倒れて悲惨なことになる。クルマを安全なところに移動させよう。ボディをジャッキアップするポイントは、クルマの下にキャッチャーがついているが、こいつは車載のトリセツでよく確認すること。変なところにジャッキをあてて持ち上げたら、ボディに穴があいてしまう。

ジャッキアップする前に、パンクしたタイヤのナットをレンチでゆるめておく。ジャッキアッ

ジャッキアップは、ふだんいちど練習しておくといい。

いざというとき困らぬように……

プしてからでは、タイヤが回ってしまい力が入らない。ナットをゆるめるときは対角線の順でおこなう。レンチが固くて回らないようだったら、足でレンチを踏んでゆるめてもいい。ジャッキアップし、ナットを手ではずしてスペアタイヤと交換。いったんナットを手で締めてから、ジャッキを降ろす。ゆるめたときと同じく対角線でレンチで固く締めていく。今度は足を使って締めてはいけない。ナットをレンチで噛んで潰したり、締めすぎてはずれなくなってしまう。

あとはパンクしたタイヤをガソリンスタンドに持っていって修理してもらうが、いまのスペアタイヤはおおかたコンテンポラリータイヤといって、応急用の細いものだ。このままではバランスが崩れているから、修理が終わったらスタンドで元通りにタイヤをつけ替えてもらう。

まあ、経験がないなら一度は練習しておくことだ。カーショップには充塡剤入りのエアをタイヤに吹き込むパンク修理剤が売られている。ジャッキアップしなくていいのでお手軽だが、こいつはタイヤ内部を劣化させるので、結局はタイヤを買い換えなければならなくなる。

洗車

室内・ウインドウ・ミラーだけはピカピカに

世界的にみて日本ほどクルマのきれいな国はないだろう。パリにいってもニューヨークにいっても、クルマは結構ぼろいし、汚れている。ピカピカに磨き上げられているのは高級車だけだ。私はクルマを磨く趣味はないので、いつもスタンドの洗車機でざっと洗ってもらい、一丁上がりだ。洗車機だとボディに細かな傷がつくというが、あまり気にはならない。何ごともおろしたて好きの日本人は、たいしたことのない小傷を気にしすぎる。クルマはしょせん道具なのだから、長く乗れば傷んでくるのは当たり前だ。

ま、それでも、たまに自分のクルマを自分で洗って、ワックス掛けしてやるのはいいと思う。ふだん気がつかなかった小さなキズを発見できる。こいつはボディが錆びるまえに、ディーラーでタッチアップペイントを買ってきて、タッチアップしておく。コツはペイントをぽつんと置く程度にすることだ。瓶についている筆で撫で回すと、修復できなくなる。

むしろ気を配っているのは室内とミラー、ウインドウだ。これらはこまめに掃除している。なぜなら、室内もミラーもウインドウも、汚れていると運転をするさい危険を招くからだ。

私はクルマのなかに、ティッシュ箱だのハンガーだの余計なモノはいっさい置かない主義である。視界を妨げるし、緊急時には散乱して危険だ。ミニバンのなかを物置がわりにして、いろんなものを突っ込んでいるドライバーもいるが、まったくもって感心できない。同じ理由で、後づ

たまには自分で洗車してみるのもいい

けのカーナビやらオービス対策のレーダーといった、室内に出っ張るようなものも一切つけない。空き缶が床に転がっているのなど論外だ。ペダルの下に入るとブレーキが踏めなくなる。また、トランクのなかもきちんと整理しておきたい。傘ぐらいは入れてあってもいいが、ここにも余計なものは置いておきたくない。

フロントスクリーンはちょくちょく油膜を取るようにしている。雨の夜など油膜がついていると前が見えなくなり危険だ。この点、フロントスクリーンの撥水コートはけっこう効果があるので、こいつもやる。ミラーも布で磨く。ウオッシャー液は切らさないようにしている。ワイパーブレードもけっこう早めに取り替える。ブレードは消耗品と割り切って、ヘタってきたらいさぎよく替えたほうがいい。

趣味はそれぞれだから、クルマを磨くのが悪いとはいわない。しかし、ボディが多少汚れていようが、タイヤがしっかり新しく、室内がさっぱり清潔に保たれている、どこかしゃんとしている、そんなクルマを見ると、私は「おお、わかっているなあ」と思うのだ。

日常のチェック1

スタンドで「オイルが汚れていますよ」といわれたら…

スタンドに行くと頼みもしないのにエンジンフッドを開けられ、「オイルが汚れていますね、交換しましょう」といわれることがある。ごていねいにウエス（ぼろきれ）でレベルゲージをぬぐって見せたりもする。よくあることだが、余計なお世話だから断るべし。おおかた意味がない。エンジンオイルにはシリンダーのカーボンを洗い落とす清浄剤が入っている。汚れるのが当たり前なのだ。交換してしばらく走ればまたすぐに汚れる。真っ黒にでもなっていない限り大丈夫だ。

いまのクルマはオイル交換は1万㎞ぐらいが目安だろう。昔のスポーツカーに載っていた神経質な高性能エンジンでもない限り、頻繁に交換する必要はない。ただ、エンジンオイルは少しずつ燃えて減っていくから、ときおり注ぎたさなければならない。5000㎞に1回ぐらいオイルレベルをチェックし、スタンドで注ぎたしてもらう。値段の張る高級オイルを勧められても、入れる必要はさらさらなし。安いモノでも十分のクオリティを持っている。

ちなみに、よく勧められるガソリンの水抜き剤も、まったく意味がないからやめたほうがいい。ふだん自分のクルマのコンディションにほとんど注意を払っていないドライバーは、汚れていますと脅されるとそんなものかと思い、ムダなお金を払わされることになる。ときどき自分でエンジンフッドを開けて、オイルのレベルゲージぐらいは見ておこう。

オイルゲージを見るのは、エンジンを止めて30分以上たってからだ。オイルがシリンダーの内

オイルランプが点灯したら
すぐクルマを路側帯に停め
エンジンを
切る.
OIL

すぐに停止しないとエンジンがオシャカ

壁に付着したのが完全に下がってからでないと、正確に測れない。レベルゲージをウエスで拭ってからさしこみ、取り出してレベルを見る。目盛りの上以上にあったら入れすぎだ。それでは抵抗が強すぎて、エンジンがよく回ってくれない。目盛りの一番下に近づいていたら、オイルを注ぎたす。

昔のスポーツカーには、タコメーターや電流計のほかに、オイルポンプから送られるオイルの圧力を示すオイルメーターがついていたが、昨今のクルマはほとんどジョウロのマークのウオーニングランプですませている。もし、高速道路などを走行中、このジョウロマークのランプが点灯したら、すぐにクルマを路側帯に停め、エンジンを止めること。そのまま走りつづけると、ピストンとシリンダーが焼けつき、エンジンがオシャカになってしまう。

また、冬かなり寒くなる地方では、冬になる前にオイルを粘性の低い冬用に交換する。春になったらこの逆に粘性の強いモノと換える。昔は東京あたりでも、季節の変わり目に交換していたものだが、いまのオイルはかなり性能が高くなっているので、東京あたりではその必要はない。

日常のチェック2

バッテリーは現代のクルマの弱点といえる

いまのクルマはあらゆるパーツのクオリティが向上し、ほとんど手がかからない。しかし、バッテリーだけは依然として弱点といえるだろう。バッテリーを上げてしまうと、クルマは死んでしまう。ウインドウの上げ下げやパワーステアリングなど、何から何までエレキで動くので、バッテリーが上がるとどうにもならないのだ。

エンジンがかからなくなるトラブルの大半は、ガス欠をのぞくと、このバッテリーだ。キーをひねってもスターターがウルウルと弱々しくうなるだけで、エンジンがかかってくれない。完全に上がってしまうと、ウンともスンともいわなくなる。オートマチック車は押しがけが利かないから、いったんバッテリーを上げてしまうとコトである。そんなときはブースターケーブルで、他のクルマから電気をわけてもらってエンジンをかけるしかない。

地下駐車場などでうっかりランプを消し忘れ、バッテリーを上げてしまうことはけっこうあるから、万が一に備えて、トランクにブースターケーブルを用意しておくといい。エンジンがかかったら、けっして切ってはいけない。またかからなくなる。スタンドに行って、充電済みの新しいバッテリーと交換してもらう。程度がそれほどひどくなければ、高速道路を50㎞ぐらい往復してオルタネーター（発電機）をたっぷり回してやれば、再び元気になる。しかし、ルームランプもつかないほど完全に上げてしまうと、もうそのバッテリーはダメだ。翌日はまたダメになって

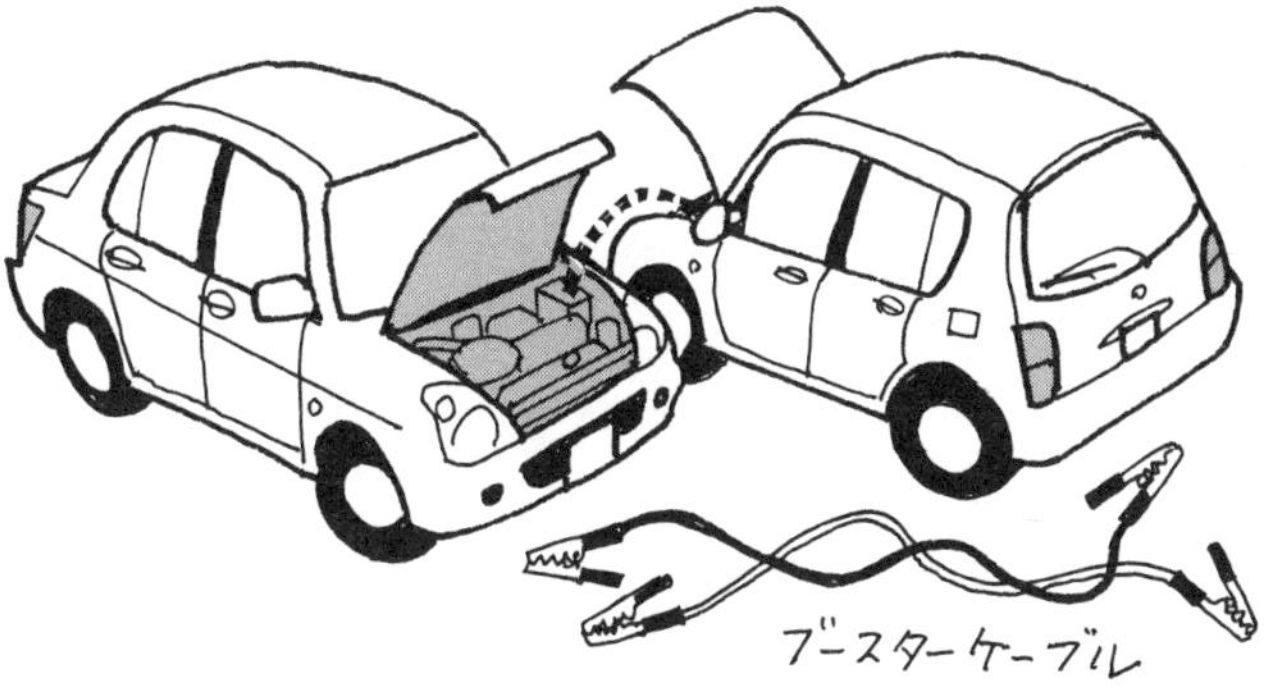

いざというときは他車に電気を分けてもらう

いるから、結局、交換するしかない。

　バッテリーは普通に使って3年ぐらいが寿命と考えたほうがいい。3年をメドにバッテリー交換をスケジュールに入れておく。とくに気温の下がる冬にはバッテリーの機能が低下するので、早めに交換すること。昔はバッテリー液の比重を測って蒸留水を足したりしたが、今のバッテリーはメンテナンスフリー化して密封式だ。といっても寿命が飛躍的に伸びたわけではなく、やはり3年もするとヘタってくる。

　ヘタったバッテリーは、アイドリング時にヘッドランプの光が暗くなったり、パワーウインドウの動きが遅くなったりするのでそれとわかる。エンジンをかけるさいにセルモーターの回転音が鈍くなったりするときも同様だ。

　バッテリーの上がる原因は、ランプの消し忘れを除くと、オルタネーターの不調か、ファンベルトがゆるんでいる可能性がある。こういう場合はバッテリーのマークの警告灯が点くからそれとわかる。こうなると走っても充電されないから、まだバッテリーが上がっていなくても時間の問題、いずれ上がる。すぐにサービス工場で見てもらうしかない。

自分でできる定期チェックのポイント

昔のクルマは故障しても、オーナーが油まみれになって、あれこれ機械的な部分をいじって直してやることができた。しかし、いまのクルマはあらゆるところがコンピュータにつながっており、ほとんどブラックボックス化している。おいそれと素人が直せるものではなくなっている。したがって、ディーラーでの定期チェックは欠かせない。

それでもブレーキオイルのレベルやラジエーターの冷却液のレベルぐらいは、ときおり自分でチェックしておこう。たとえディーラーに持っていくにしても、大事にいたる前に異変に気づいておけば致命的な事態に陥らなくてすむ。

ブレーキオイルは液面が適正レベルより下がっていないか、劣化していないかをチェックする。色が茶色くなってきていたら劣化している。ただ、チェックするといっても、タンクのキャップは開けないこと。ブレーキオイルは吸湿性が高いので、なるべく外気にさらさないほうがいい。

ラジエーターの冷却液は減っていたら補充する。昔のクルマは水道の水を入れておけば十分だったが、最近はメーカー指定のものを入れることが多い。これもディーラー行きだ。

ウオッシャー液は、入れっぱなしにしたまま使わないと腐るので、こいつもチェック。腐っていると酸っぱいようなイヤな匂いがする。空っぽにして、1～2度、水道水を入れ替えて洗う。

ファンベルトの張りを指で押してチェックするが、昨今はおおかたテンショナーがついている

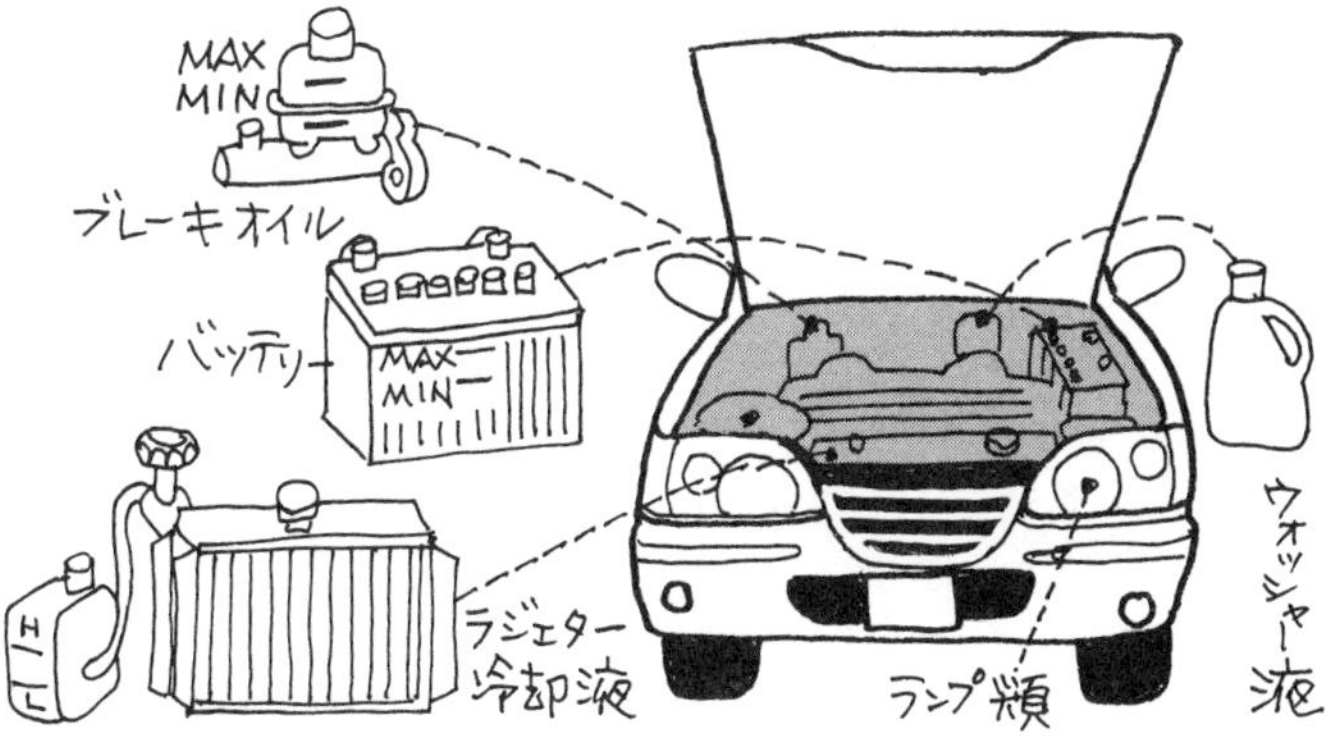

これぐらいはときどきチェックしよう

から大丈夫だ。傷がついていないかいちおう確認する。

　ランプ類はブレーキランプをチェック。ドイツ車など、日本車にくらべて切れることが多いようだ。切れたまま走っていると整備不良で交通違反となり、キップを切られる。ブレーキを踏んで駐車場の壁などに映して確認する。最近はＬＥＤランプが普及して寿命が大きく延びた。

　ランプが切れたときはむろん交換するが、こいつを自分でやるのも、もはやむずかしくなってきている。昔のシールドビームのように、ランプをそのまま外せればよいが、いまのクルマはおおかた異形ランプで、大きなプラスチックのカバーがついている。これを外し、再びつけるのはちょっと大変だ。つけ方が悪いと、雨水が入り込んだりする。スタンドでも手に負えないから、結局ディーラーに持ち込むことになる。昨今一般化したディスチャージランプやＬＥＤはほぼ半永久的に切れないのでありがたい。

　サイドブレーキの引きしろが大きくなっていないか、これもチェック。ワイヤが伸びると引きしろが大きくなり、効きが甘くなる。こいつもディーラーでやってもらう。

クラッチのすべりにだけは注意しよう

もはや速く走る上でも、安全のことを考えても、マニュアル車が優位な点はないと思う。だから私は基本的にオートマチック車をオススメするが、こと旧車（昔のクルマ）に乗ろうと思ったら、マニュアルが運転できないとどうにもならない。

坂道発進やクラッチ断続などは教習所で習ったとおりにやればまず間違いないからいいとしても、古いマニュアル車でよくあるのが、クラッチのすべりである。クラッチがすべっていると、クルマは急坂の途中で止まってしまうし、そうでなくとも燃費が悪化する。坂道の途中でパワーが落ちるようなら、クラッチのすべりを疑ったほうがいい。焦げた匂いがしたら間違いなくすべっている。早急にクラッチプレートを交換しないと、クラッチ本体を傷めてしまう。それが古いポルシェだったりしたら、それこそ目の玉が飛び出るような修理費をとられてしまう。

中古車を買うとき、クラッチがすべっているかいないかを確かめるには、ギアを4速か5速あたりに入れ、サイドブレーキを強く引いたままでアクセルを踏み、ゆっくりクラッチを合わせていくといい。すべっていなければエンストするが、すべっているようだとエンジンが止まらない。

クラッチの寿命は使い方によって大きく違う。クラッチをつなぐとき、半クラッチのままガーガーとエンジンをふかすような乗り方をしていると、あっという間にプレートが焼け、新車から2000kmでもうアウトなんてことになる。そうなるとギアを入れようにも入らなくなる。

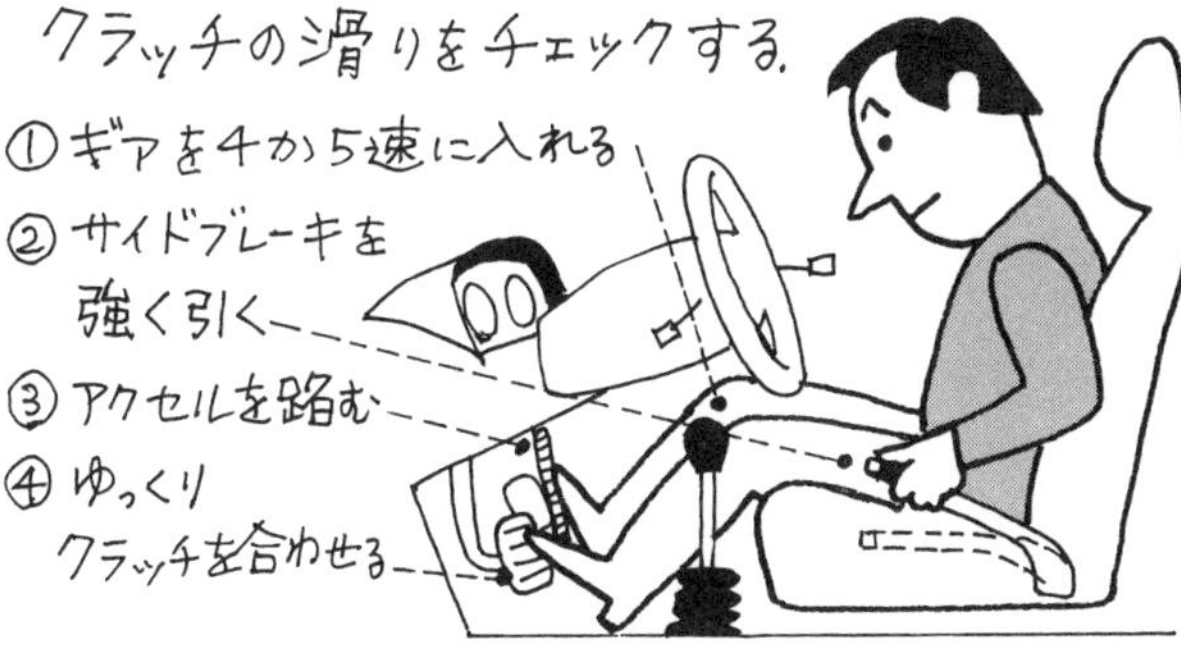
クラッチの滑りをチェックする。
①ギアを4か5速に入れる
②サイドブレーキを
強く引く
③アクセルを踏む
④ゆっくり
クラッチを合わせる
クラッチをチェックする手順

クラッチを優しくつなぐのはスタートのときだけでいい。いったん走りだしたら、あとはポンとつないでやることだ。2速から3速、3速から4速あたりでおずおずつないでいると、クラッチをすり減らしてしまう。切るときはスパッとすばやく切る。

スタートのとき、どこでつながるかをよく知っておこう。そろそろとクラッチを合わせていって、軽くゴクッときたところがつながったところだ。タコメーターの針がスッと落ちるからすぐわかる。ここで軽くアクセルを踏んでやれば、スムーズにつながる。慣れてくれば、アイドリングだけでも発進できる。坂道発進もすぐに慣れるが、いくら慣れても、坂道の途中で、ブレーキを使わず半クラッチで停止するのはやめたほうがいい。クラッチを傷めるだけだ。

昔のクルマはシンクロが弱い。シフトのときにガリガリいうようなら、ダブルクラッチだ。ギアチェンジのときは途中でいったんニュートラルに入れ、クラッチを戻してアクセルを軽くポンと踏む、そして再びクラッチを踏み、シフトしてやれば、スッと入ってくれる。

故障の徴候

「変な音」に気づいたらサービス工場へ

クルマが使い物にならなくなる致命的な故障を避けるためには、故障は小さなうちに、その芽をつんでしまうことだ。前述のようにレベルゲージなどを見て気づく異変もあるが、音や手ごたえ、乗り心地などに気をつけていれば、大事にいたらなくてすむ場合も多い。

まずはブレーキ系。一般にディスクブレーキのパッドはだいたい2万kmぐらいで寿命がくるが、実際は走り方でかなり異なる。頻繁に強いブレーキを踏む走りをしていると思いのほか早くパッドがすり減ってしまうこともある。そういう事態はパッドからの異音で気づくことができる。パッドは限界に近づいてくると、ローターに金属片が軽く触れるよう作られており、チリチリと音がしだすのだ。この音に気づいたら。すぐにパッドを交換しよう。そのまま放っておくとローターを傷めてしまい、その交換には多額の修理費を払わねばならなくなる。

エンジンルームからキュルキュル音がしはじめたら、ウオーターポンプのベアリングがいかれている可能性がある。こいつがダメになると冷却水が漏れたり、うまく循環しなくなるから、エンジンがオーバーヒート気味になる。そんな状態で高速道路に入るとオーバーヒートを起こし、エンジンを焼きつかせてしまう。そうなったらクルマを捨てるか、エンジンを取り替えるか、いずれにせよ致命的である。

同じくエンジンルームからシャカシャカ音のするときは、バルブを駆動するチェーンに問題が

ほうっておくと大事にいたるかもしれない

あるか、バルブ自体がトラブルを起こしている可能性が高い。早急にサービス工場に持っていって見てもらうことだ。こいつが壊れると、それこそ目の飛び出るような修理費がかかる。

ステイアリングを大きく切ってゆっくり曲がろうとするとき、ゴクゴクと音がする場合、パワーステイアリングの油圧系統に問題を起こしている可能性がある。これも、なるべく早くサービス工場で見てもらう。

ショックアブソーバーは5万kmあたりからヘタってくる。こいつは一種の消耗部品と考え、時期が来たら交換してやる。乗り心地が格段によくなる。長く同じクルマに乗っていると、ゆっくり経年変化していくので、乗り心地の悪化にはなかなか気づきにくいものだ。走っていて妙にフワフワするようならショックアブソーバーがヘタってきている。ボディの先端をぐっと押したとき、ぐっと抵抗するならよし、フニャッと沈み込むようなら交換時期が来ている。

いずれにせよ、エンジンルームや床下からの異音に気づいたら、サービス工場でよく見てもらうこと。早め早めの対応がクルマの寿命を長くする。

トラブルへの対応

道具があれば対処できるトラブルも多い

　クルマが動かなくなるトラブルは、クルマの品質が上がった現代でも、依然として起こる。しかし、その原因のかなりの部分は、ドライバーの不注意である。たとえば、ガス欠だ。ガス欠を起こすドライバーは、クルマを走らせつづければいつかタンクは空になるということを知らないのだろうか。ガス欠はふだんから自分のクルマの燃費を知ろうとしないから起きるのだ。私はスタンドでガソリンを入れるたびにトリップメーターをリセットし、燃費を測るようにしている。ガソリンチャージで入ったリットル数でそれまで走った距離を割れば、燃費がわかる。

　クルマの燃費は変動する。渋滞の市街地を走れば悪化するし、高速道路をえんえん巡航すればぐっとよくなる。ふだんから自分のクルマの燃費が、どんなときにどのくらいになるかつかんでおけば、あとどのくらい走れるか、誰にでもわかるはずだ。

　ガス欠は論外だが、パンクにせよ、バッテリー上がりにせよ、トラブルはたいてい山のなかなど、ＪＡＦに電話しても来てくれるまで時間がかかる場所で起こるものだ。致命的なトラブルなら仕方ないが、ちょっとした装備があれば解決できるトラブルで、えんえんとＪＡＦが来てくれるのを待つのはばかばかしい。代表的なトラブルには対応できるような装備をしておくのが大切だろう。クルマに備えつけの工具セット以外に、最低限、軍手、懐中電灯、ブースターケーブル、停止表示板、ウエス（ぼろきれ）くらいはトランクに入れておきたい。

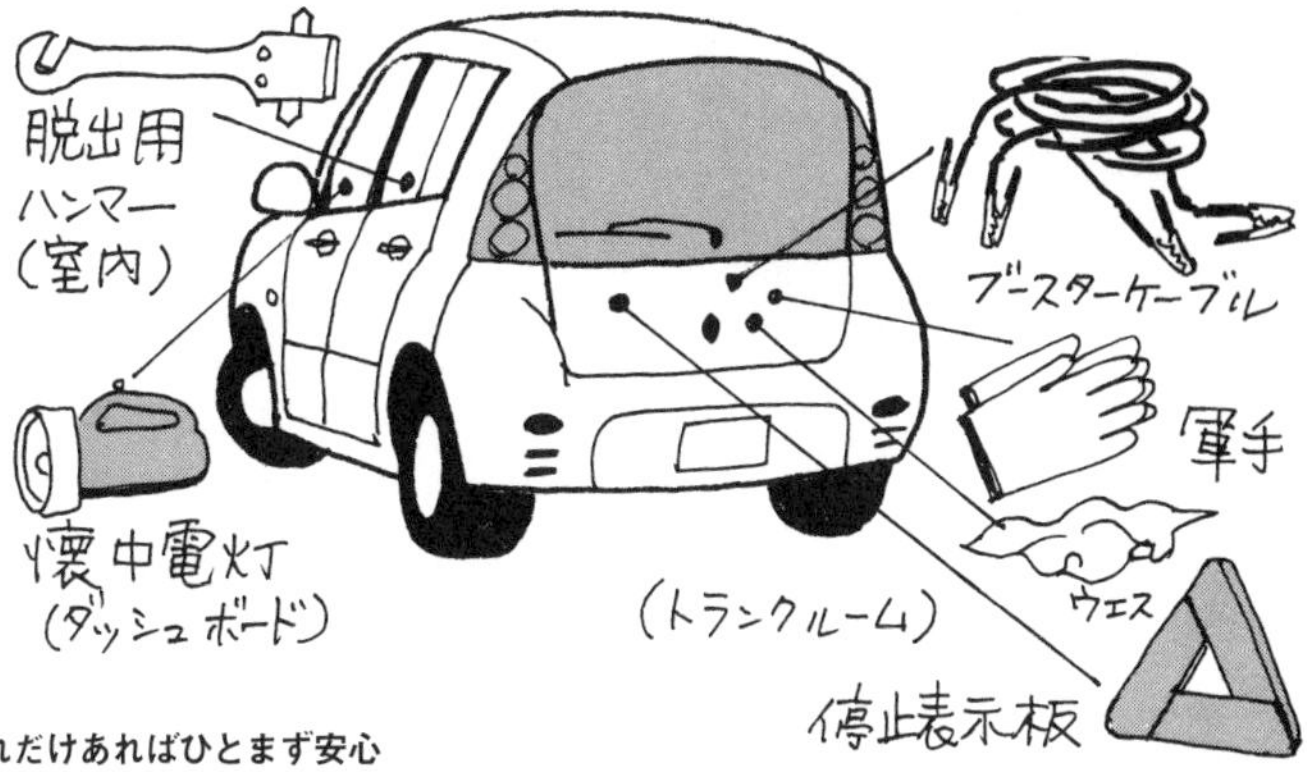

これだけあればひとまず安心

軍手はタイヤ交換やチェーン装着などどんな作業をするにも必要だし、それが夜なら懐中電灯も必須である。ブースターケーブルがあれば急なバッテリー上がりでも、他車から電気をもらってスタートできる。停止表示板は、高速道路で故障などが原因で路側帯にクルマを停める場合、提示することが義務づけられている。ウエスはウインドウやミラーの油膜とりなどに使う。

また、室内のすぐ手の届くところには脱出用ハンマーを置いておきたい。こいつは非常時にサイドウインドウを割って脱出するための用具で、シートベルトを切断するためのカッターも組み込まれている。クルマが水に落ちると、電気系が死んでしまうのでパワーウインドウが動かなくなるし、水圧でドアも開かなくなる。そこでこのハンマーを使い、サイドウインドウを割って出る（フロントウインドウは合わせガラスでできているので、叩いてもひびが入るだけで割れない）。高速道路などでクラッシュしたとき、ドアがつぶれて開かず、クルマが炎上しそうなときに脱出するのにも使う。カー用品店やディーラーで売っているので、買っておこう。

負傷者を保護することを最優先にする

不幸にして事故にあってしまったら、するべきことの優先順位は、1番目に負傷者の保護、2番目に二次事故を防ぐための処置、3番目に警察への連絡である。事故の恐怖から相手をののしったり、まっさきに保険会社に電話したりなど、うろたえたマネをしてはいけない。

まずは、自分のクルマ、相手のクルマにケガ人がないか確認する。深刻なケガをしていたら、止血や人工呼吸などの処置をしなければならない。この場合は何もかも自分だけでやるのは無理だから、野次馬など、まわりの人に助けを求める。「救急車を呼んでください」というようになるべく具体的にお願いすれば、かならず手伝ってくれるはずだ。

ケガ人が動かせるのであれば、歩道などなるべく安全なところに移動させる。ケガ人に限らず、事故が起きた車両からはなるべく早く出て、安全なところで待機するようにさせる。事故車両は燃えるかもしれないし、車道上のクルマには追突が起こる可能性があるからだ。

大事なのは、自分でも相手でも、少しでもケガをしていたらかならず救急車を呼ぶこと。事故に直面するとアドレナリンが大量に出るので、大ケガであっても痛さを感じない。それに打ちどころがわるいと、一見平気でも内出血を起こしている可能性がある。また、保険金の支払いにも診断書が必要で、それには事故直後に医者に診てもらい、カルテを残してもらっていなければならない。事故の数日後に診てもらっても、事故によるケガであることが証明できない。

うろたえず、なるべく冷静に対処する

負傷者への対応が終わったら、二次事故防止のため、クルマを路肩などに移動する。路上にクルマの破片などが散乱していたら、これもなるべく除去する。そして警察へ連絡する。

負傷者のいない物損事故でも、警察に連絡をする。警察に連絡して事故証明をとっておかないと、保険の請求が効かないし、面倒臭いからと示談ですまそうとすると、相手によってはとんでもないことになる。弁償するといったままとぼけて払わないぐらいならいいが、たちの悪い相手は事故をネタにしてゆすり、たかりをおこなう。とにかく警察を呼ぶこと。

どちらが悪いと路上でののしりあうのはぶざまである。信号待ちのクルマに追突でもしない限り、おおかたの事故はどちらも悪い。3対7や5対5など、事故原因の比率はいろいろあるだろうが、交渉は保険会社にまかせよう。

むろん任意保険にはかならず入っておく。人身事故の補償金は年々高くなっており、自賠責保険ではとうていまかないきれない。任意保険は高いが、これが払えないようならクルマには乗らないほうがいい。対人無制限、対物2000万円ぐらいは入っておかないと、ちょっと怖くて走れない。

第10章

どんなクルマにどう乗るべきか

それぞれの得意と不得意を知っておこう

クルマのあらゆる部分がブラックボックス化している現代ではあるが、クルマを走らせるときや、メンテナンスする上で、駆動方式についてぐらいは意識しておいてもらいたい。

クルマはエンジンと駆動輪をどこに置くかで、性格が大きく変わってくるものだ。現代のクルマの大半すなわち小型車、中型車はことごとくＦＦレイアウトだ。これに対して外寸が大きく、かつ大排気量エンジンを載せる高級車はおおかたＦＲレイアウトを採る。むろん例外はあるが、おおざっぱにいえば、大衆車はＦＦ、高級車はＦＲということになろう。

「ＦＦ」とは、エンジンをクルマの前に載せ、前輪を駆動するエンジンレイアウトのこと。ほとんどはクランクシャフト（エンジンの回転軸）がクルマの左右方向に向くようにエンジンを載せる「横置きＦＦ」である。クランクシャフトが前後方向に向くようにエンジンを載せる「縦置きＦＦ」も、アウディやスバルなど数は少ないが存在する。

ＦＦのメリットは、床下に大きく重いプロペラシャフト（後輪にエンジンの力を伝える回転軸）がないので、室内を広く採れ、車重を軽くできること。ボディを前から引っ張るので直進安定性のよいことだ。当初、小さな外寸に広い室内を要求される小型大衆車から広がったＦＦレイアウトは、いまでは３ℓクラスの高級車や大型ミニバンにいたるまで、広く採り入れられている。

デメリットは、フロントタイヤが駆動と曲がりを兼任するのでタイヤの摩擦力が二分されるこ

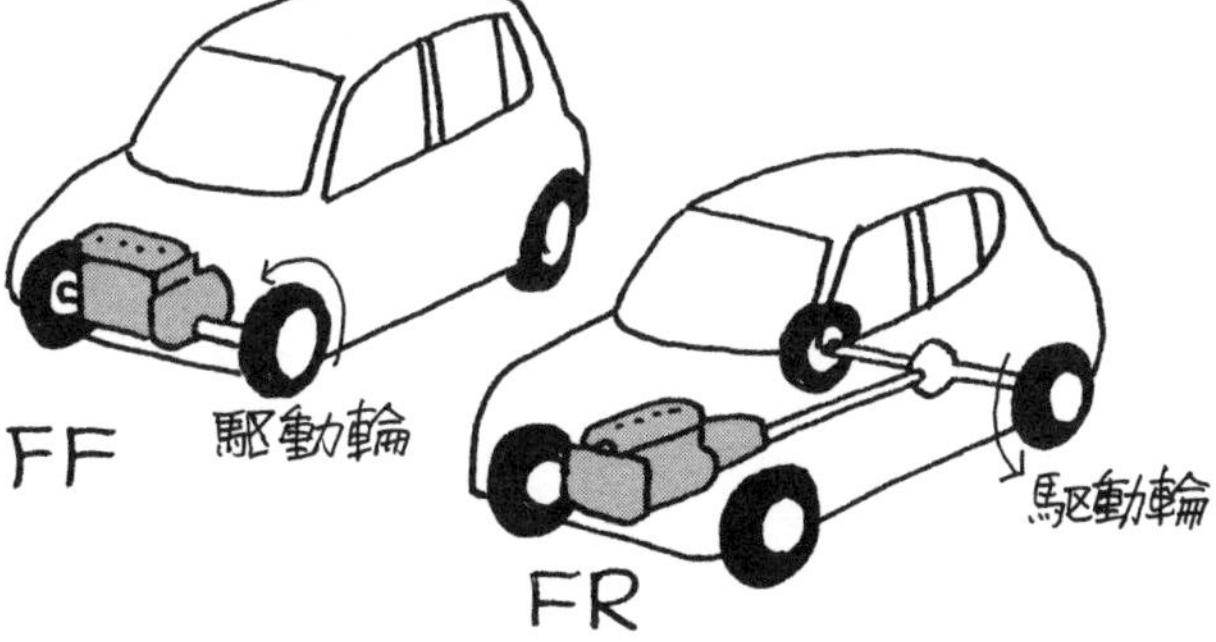

いまやほとんどのクルマがFFだ

と、後輪駆動のような素直なドライブフィールが得られないこと、ステアリングにエンジンの振動が伝わりやすいこと、大排気量・大トルクのエンジンを載せられないことなどだ。また、前輪に曲がりと駆動のメカニズムが集中しているため、空間的余裕が少なく、タイヤの切れ角を大きくできない。このため、大きなFF車はたいてい小回りが苦手である。

「FR」はエンジンを前に置き、プロペラシャフトを介してリアホイールを駆動するもの。100年以上の歴史を持つレイアウトで、かつてはFRのほうが主流だった。

FRのメリットはクルマを静かにできること、発進や坂道などでリアホイールに荷重がかかったとき強いトラクションを得られること、ステアリングにエンジンの振動が伝わらず、自然な運転感覚が得られることなどだ。また、フロントタイヤが曲がりに専念できるので、スポーツドライブに向いている。

FRはステアリングの切れ角を大きく採れるので、大きなクルマでも小回りが利く。たとえばメルセデスは、巨大なSクラスでもよくステアリングが切れ、実に使いやすい。

FFとFRでは曲がり方が違うのだ

では、FFとFRは運転する上でどう違うのだろうか。まず、どちらが乗って気持ちがよいか、快適かといえば、これは間違いなくFRに軍配が上がる。静かだし、運転してステアリングのフィールが自然だ。高級車にはたしかにFRが向いている。これに対してFFはステアリングにエンジンの振動が伝わってくるし、静かさでやはりFRに劣る。

じゃ、どっちが速いかと問われると、それに答えるのはだんだんとむずかしくなっている。かつてFFはコーナリングがFRに劣るとされた。前述のように、FFは前輪が駆動と曲がりを兼ねるため、限られたタイヤの摩擦力を、駆動と曲がりの2つに使うことになり、どうしてもクルマの運動特性が限定されるというのだ。

FFはコーナリング中アクセルを踏み込んでいくと、徐々に前輪が摩擦力の限界に近づき、コーナーの外にふくらむようになる。つまり「アンダーステアア」となる。その状態でアクセルを急に戻すと、フロントタイヤの回転力が弱まり、また減速されることで荷重が前に移動するので、フロントタイヤがグリップを回復、タイヤの曲がり方向の摩擦力が強まり、クルマは急激に鼻先をコーナー内側に向ける。これを「タックイン」という。昔のFFはこのタックインが強烈で、よくでんぐりがえった。ま、上級ドライバーはこのタックインをうまく利用して曲がるのだが。

その点、FRはコーナーで強くアクセルを踏むと、後輪がすべって外側に行き、したがって鼻

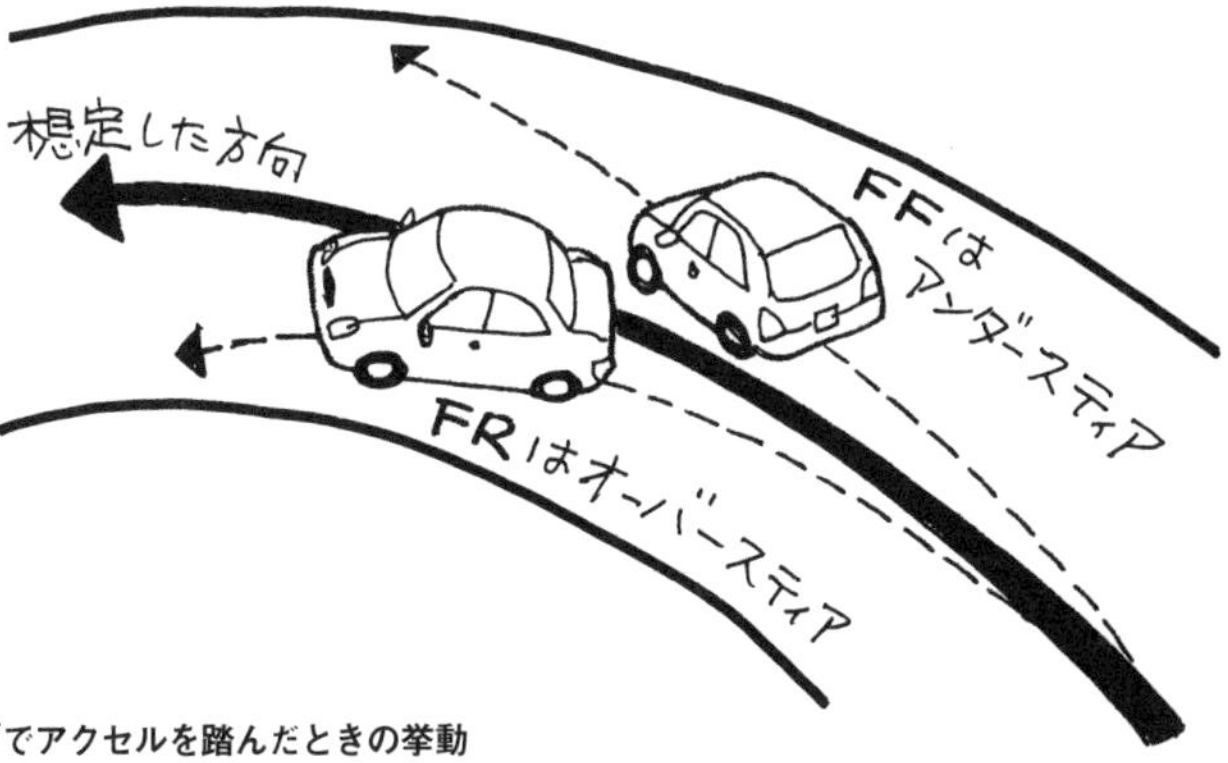

カーブでアクセルを踏んだときの挙動

先は内側を向く。つまり「オーバースティア」である。フロントタイヤがしっかりグリップしているので、アクセルを戻すと穏やかに収束し、タックインは起こさない。フロントタイヤが曲がりに、リアタイヤが駆動にそれぞれ専念できるということは大きな強みで、ＦＲではないが、ポルシェ、フェラーリといった大パワーのスポーツカー、さらにはＦ１カーは、ことごとく後輪駆動レイアウトを採る。

しかし、昨今ではタイヤもサスペンションも性能が向上してきたため、ＦＦも曲がりではそう遜色なくなった。アンダースティアはよく抑えられているし、滅多なことではタックインなど起こさない。

普通のドライバーのレベルでは、ＦＦとＦＲではコーナリングスピードに差はない。うまいドライバーなら、ＦＦでもヘタなＦＲよりずっと速くコーナーをクリアしていくだろう。だから、軽量級のスポーツカーではＦＦという選択肢もあながち間違いじゃない。ここらあたり軽量、小型のダイハツ・コペンなど、実に楽しいスポーツカーに仕上がっているし、スズキのスイフト・スポーツあたりもなかなかのものだ。

オートマチックのしくみを知っておこう

トランスミッションはエンジンとならんでドライブのフィールを大きく左右する要素だ。昔は反応の鈍いオートマチックトランスミッション（ＡＴ）にイライラさせられたものだが、最近はコンピュータ制御でドライバーの意図を察し、小気味よくシフトダウンをおこなってくれるものもある。また、トランスミッションはいったん故障すると修理に大金のかかるものでもある。クルマを買うにも乗るにも、せめてメカニズムの基本だけは知っておいたほうがよい。

トランスミッションの役割は、エンジンの弱点を補うことにある。エンジンは1分間に１０００～数千回転まわるが、もっともパワーの出る回転数やもっとも燃費よく走れる回転数はそれぞれのエンジン特性で決まってしまう。乗用車に使われるエンジンで効率がもっともよいのは２５００～３０００回転ぐらいだ。このあたりの回転数を上手に使ってスピードに乗り、一定のスピードに達したら、あとは高いギアに入れてエンジンをあまり回さずに走れば、燃費向上に寄与するというわけである。マニュアル車はそのギアの選択をドライバーがおこなうが、オートマチックトランスミッションはそいつを自動的におこなうものだ。現代の乗用車はオートマチックが主流で、日本では新しく売られる乗用車の約95％がオートマチックとなっている。

もっとも初期のＡＴはわずか2速であったが、それが3速となり、いまでは6速以上も普通となっている。多段のほうが変速ショックも少なくスムーズだし、エンジンをより効率よく使える

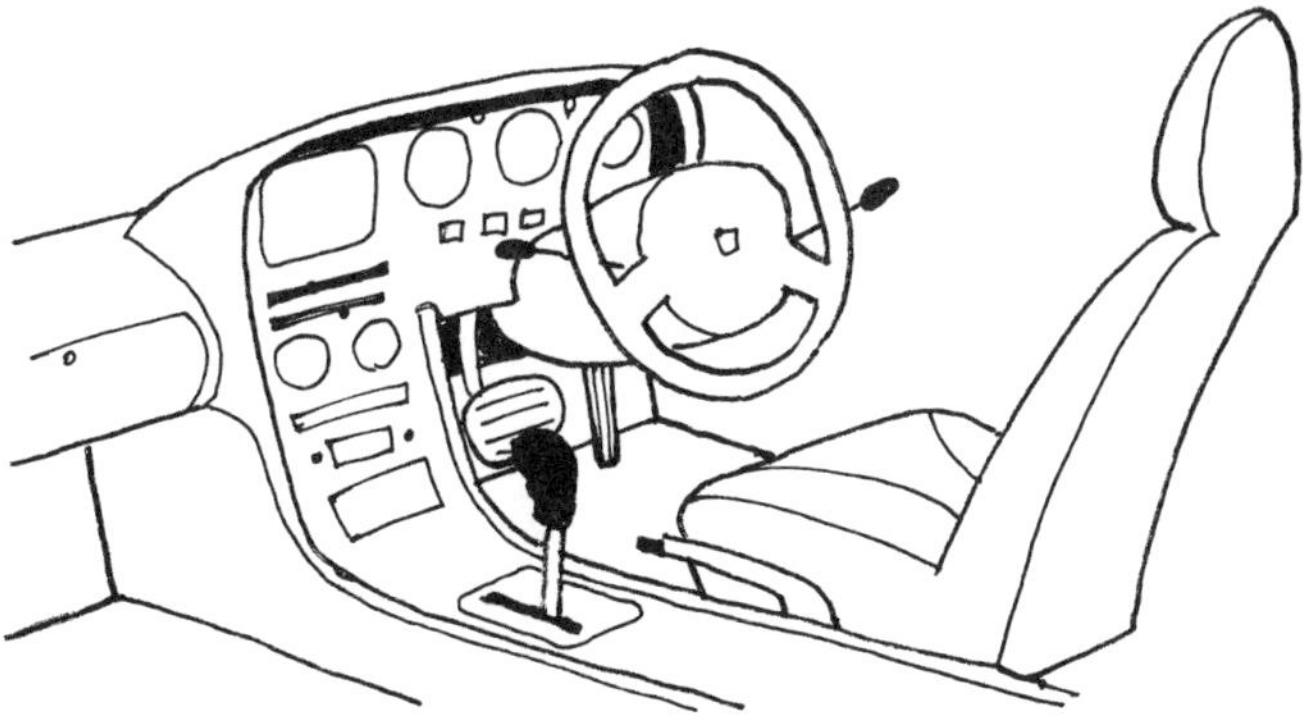

いまや新車の95%近くがAT

からだ。いまやATは多段化競争の時代で、スムーズさを求める高級車はおおかた7速が採用されている。最近はBMWをはじめ8速以上も普通になってきた。

オートマチック車には、マニュアル車のようなクラッチはなく（実はATにもギアをロックアップするためのクラッチが組み込まれているが）、その代わりにトルクコンバーターがつけられている。トルクコンバーターは油の詰まったケースのなかに、2枚の羽を向かい合わせに入れたものだ。エンジンにつながる入力側の羽が回転すると、もう一方の出力側の羽も、油の動きにつれて回る。入力側の羽が強く回れば、出力側の羽根も強く回るが、入力側の羽の回転が弱いと、出力側の羽根は止まってしまう。こいつをクラッチ代わりにしているわけだ。

トルクコンバーターにつながるトランスミッション本体は、複数のギアで構成されており、変速は油圧でおこなわれる。といっても現代のATは油圧を伝えたり切ったりするバルブをコンピュータで制御しているので、変速はコンピュータのプログラムに従っておこなわれることになる。

CVTは今後ますます普及していくだろう

昨今のオートマチック多段化の目的は、エンジンの回転を効率的に使うためと、変速ショックを少なくしてスムーズに走らせるためである。これを進めるとギアは7段どころか10段、15段と数が多ければ多いほどよいことになる。しかし、そんなことをしたらトランスミッションはやたら複雑で、重くなってしまう。つまりギアの多段化にはおのずと限界があるのだ。

そこで考えられたのが、変速比を連続的に変えていく無段階変速機、CVTである。ギア比が連続的に変わるのだから、理論上はギアの数が無限にあるのと同じ効果があることになる。

CVTは直径を変えられる2つのプーリー（滑車）のあいだにベルトを渡し、プーリーからプーリーへ動力を伝える。そこでそれぞれのプーリーの直径比を連続的に変えてやれば「ギア比」を連続的に変えていける。これは昔からある技術でスクーターなどに使われていたが、ベルトの耐久力が大パワーに対応できなかったため、乗用車には載せられなかった。しかし、金属製のチェーンベルトなどベルトの改良が重ねられ、現在ではある程度の排気量のエンジンまでなら使えるようになり、国産各社が多くの小型車に載せている。

CVTの長所は、エンジンのトルクを効率的に使えるので燃費の向上に寄与すること。また、従来型の遊星ギアを使うATより小さく、軽くできることで、エンジン横置きFF車の変速装置に向いているといわれる。

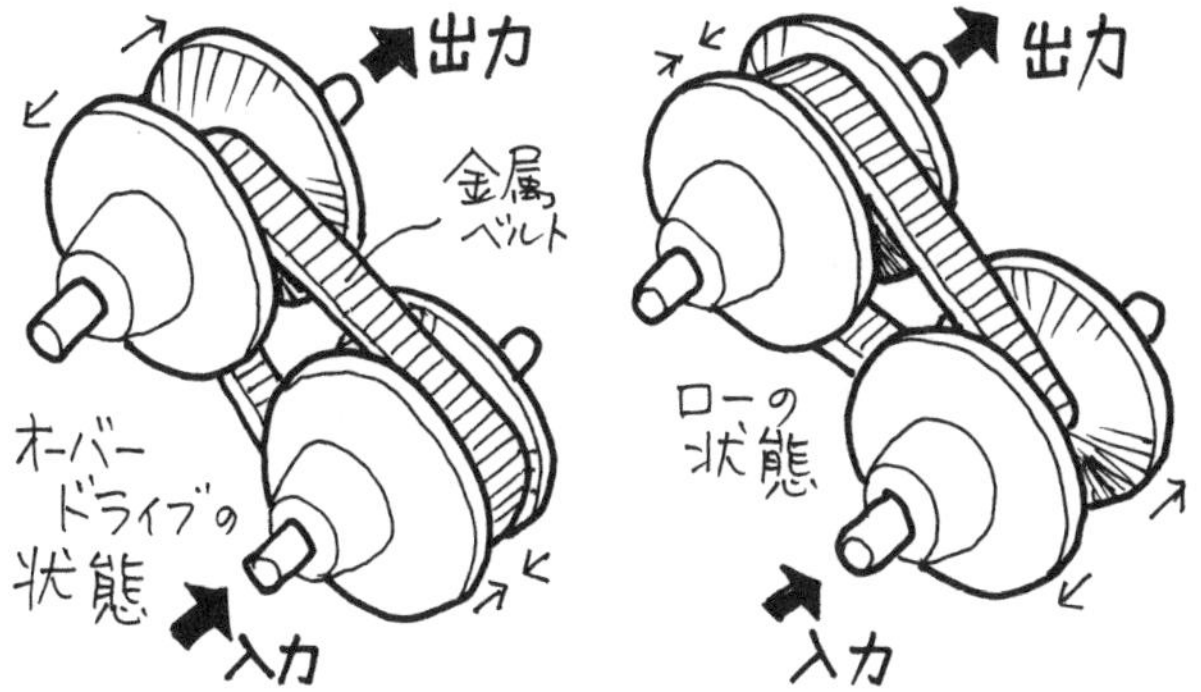

ベルト式CVTのしくみ

欠点はエンジンの回転がクルマのスピードにダイレクトに反映しないことだ。従来型のオートマチックはアクセルを踏んでエンジンを回すと、それがそのままクルマのスピードに反映するが、CVTはエンジンの回転が上がるのを追いかけるようにひと呼吸置いてスピードが上がったり、エンジンの回転はそのままでもスピードが変わっていくという、従来型のオートマチック車に乗り慣れたドライバーからすると違和感を覚えるところがある。

また、エンジントルクを効率よく使えるので燃費がいいという触れ込みも、プーリーのコントロールを油圧でおこなうため、ここにエネルギーを食われ、実際のところ格段にいいというほどではない。

それでも最近のCVTはコンピュータの制御が向上したおかげで改良が進み、ダイレクト感も備えてきた。また、無段階の変速をコンピューター制御であえて多段に区切り、マニュアル車のように任意のギア比を選べるようにしたものもあるなど、ドライバビリティが向上している。これからの小型車にはますます採用されていくだろう。

日本車にはない欧州車独特のAT技術

ここ10年でヨーロッパに定着したトランスミッション技術に、ＶＷ／アウディの「ＤＳＧ」に代表されるデュアルクラッチトランスミッションがある。これはエンジンからの入力をツインクラッチで2系統に分け、1つの系統のギアがはたらいている間に、クラッチの切れている側が次のギアを用意しておき、シフトタイミングがくると、片方のクラッチを切りつつ、同時に用意しておいた側をつなぐというもの。

たとえばＶＷゴルフの7速ＤＳＧでは、一方に1・3・5・7速を、もう一方には2・4・6速のギアをもつトランスミッションを与えており、これを交互につなぎ、シフトアップ／ダウンをおこなう。マニュアル車のようにクラッチの切れ目がなく、トルクコンバーターの遊びがないのでパワーをロスしない。峠道などを、シフトを繰り返しながらスポーティに走るには絶妙で、実際、同じＶＷグループのポルシェ（こちらはＰＤＫと称する）をはじめ、ＢＭＷ、フェラーリ、アルファ・ロメオさらにはルノーなども採用するに至った。

ＤＳＧはマニュアルとオートマチックのいいとこ取りだ。マニュアルモードがついており、そのシフトは実にすばやくスムーズで、実際、0〜１００㎞／h加速などはマニュアル車より確実に速い。またそのダイレクト感がいい。素晴らしい技術である。

ただＤＳＧにも弱みがないでもない。トルクコンバーターのないＤＳＧはクリープがない。そ

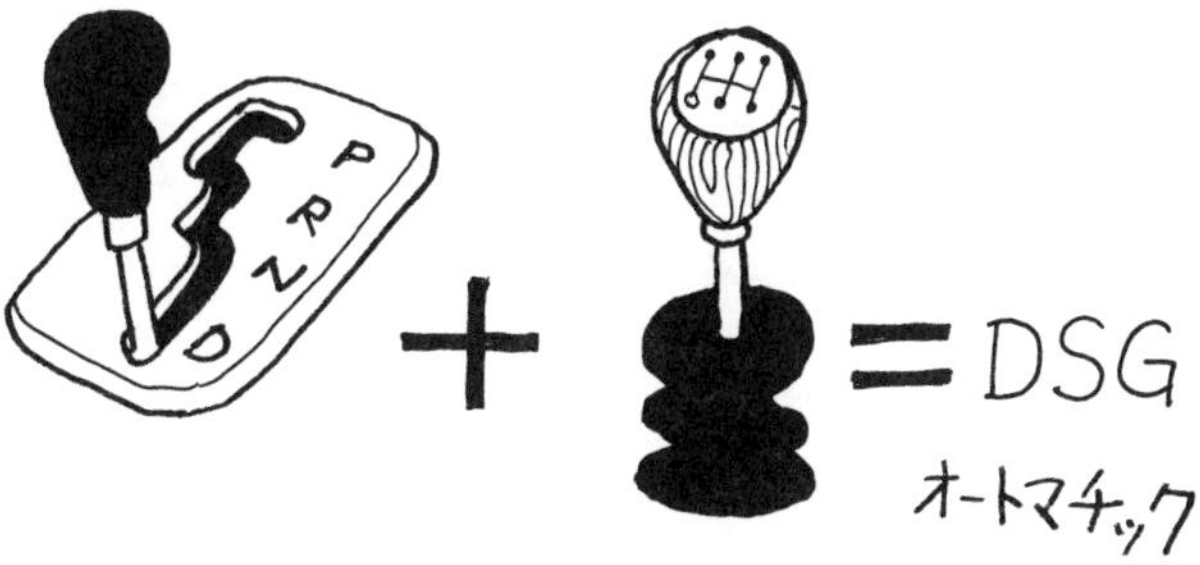

DSGはマニュアルとオートマのいいとこ取り

れだと駐車場の出し入れや坂道発進などに不都合なので、コンピュータ制御の半クラッチ操作によって擬似的なクリープを作り出しているが、これがいまひとつなのだ。発進時にガタガタとした振動を生じることがあり、スムーズな従来型オートマチックに乗り慣れた人は違和感を覚えるだろう。

ヨーロッパの小型車には、従来のマニュアルトランスミッションのクラッチにあたる部分を電子制御してセミオートマチックとするものが多い。シトローエンの小型車やフィアット・パンダ、日本では軽自動車のスズキ・アルトが採用している。こいつはクラッチの断続をコンピュータ制御でおこなうもの。人間がクラッチワークをしなくてもよくなり、変速だけドライバーが自分の手でおこなう。コンピュータが変速までおこなうフルオートモードのついているものも多い。

既存のマニュアルミッションを流用でき、安く作れるし、トルクコンバーターによるロスがないので燃費がいい。しかし、クリープがないのがちと扱いにくい。ただ、自らギアを選んで走るときはなかなかスポーティだ。積極的にギアを選んで走りたいドライバーには悪くないと思う。

トランスミッション4

もはやマニュアル車はオススメできない

ここまでＡＴの技術を紹介してきたが、マニュアルトランスミッション（ＡＴ）はどうなのだろうか。私は、楽に走るのでも、速く走るのでも、もはやオートマチックの時代だと思う。

マニアのなかには、「スポーツドライブはＭＴじゃないと」などと、クラッチワークができることを自慢したがるむきもあるが、いまやあまり意味はなくなってしまった。率直にいってＭＴは遅れているだけで、第一に安全に走ることを考えたら、もはやオススメはできない。

マニュアル車はクラッチワークをしたり、ギアをシフトしなければならないぶん、注意力を削がれる。その点、オートマチックはアクセルを踏んだりはなしたりするだけだから、ステアリングに神経を集中でき、事故を起こす確率が下がる。私はオートマチックをオススメする。

バスやトラックでも運転するのでないかぎり、運転免許もＡＴ車限定免許でも十分だと思う。

ヨーロッパではいまだマニュアル車が多く乗られているが、それはガソリン代を少しでも節約したいという彼らの生活感覚からだ。しかし、いまやオートマチックトランスミッションの効率はきわめてよくなってきており、ＣＶＴの燃費もＭＴ車よりいい。ＶＷのＤＳＧにしても、クラッチ断続のロスがないから、マニュアル車よりいい。

じゃ、スポーツドライブはどうだ。かのフェラーリですら、いまはオートマチックだ。そもそもスポーツドライブの最高峰であるＦ１がシーケンシャルシフトというセミオートマになってい

いまどきMT免許だからエライということもなかろう

る。従来のトルコン式ATでも、ポルシェの「ティプトロニック」やBMWの「ステップトロニック」のように、ギアポジションを＋－のゲートで選べるようになっている。スカイラインやレクサスなど国産車にも同様な機能がついているものは多い。これは電子制御なのだが、なかなか使いやすく、すばやいシフトが可能で、AT車でもMT車的に乗りこなせる。残念なのは、この種のトランスミッションは、エンジンの過回転を避けようとするため、強いシフトダウンを許さないことだ。4速あたりから一気に2速に落とそうとしても、コンピュータに拒否されてしまう。

CVTとトルコン式ATとではどちらがいいか。いまのところ私はスムーズさ、静かさからいってトルコン式に軍配が上がると思う。しかし、それが経済的な小型車というならCVTも悪くないとも思う。ドライバビリティのよさからいえば、VWのDSGはピカイチだが、国産車でのデュアルクラッチ式の採用はまだ少ない。

それではマニュアルは？　まあ、趣味的な楽しみはあるだろう。お好きならどうぞといったところだ。

幅広扁平タイヤは必ずしもオススメできない

タイヤには太さ、厚さ（サイドウオールの高さ）、ホイール径の大きさなど、そのサイズにさまざまな種類があるが、もちろんその違いには意味がある。

一般に、タイヤは細ければ、抵抗が少ないから燃費がよく、太ければ、接地面積が大きいので摩擦が強くなり運動性能を高くできる。厚ければ（サイドウオールの高さが高ければ）、路面の凹凸による衝撃を吸収しやすいから乗り心地がよく、薄ければ、横向きの力がかかったときにタイヤがひしゃげにくいのでこれまた運動性能を高くしやすい。またホイール径が大きければ、ブレーキのローターを大きくできるからブレーキを強力にできるし、小さければタイヤのスペースを小さくできるので、そのぶん室内を広くできる。メーカーはさまざまなバランスを考え、タイヤサイズを決めているのだ。

たとえば、コーナリングスピードの高さを求めるスポーツタイプのクルマは、運動性能を高めるため、タイヤが太く、薄く扁平（サイドウオールの高さが低い）で、ホイール径は大きい。小型車の場合は、燃費と乗り心地をよくし、スペースユーティリティを高めるため、タイヤが細くて厚く、ホイール径は小さい。……のはずなのだが、最近はいろいろなクルマで幅が広く薄い「扁平タイヤ」がオプションで用意されるようになっており、少々問題だと思う。

タイヤのサイズはタイヤの横に表示された、「205／60HR―14」といった記号で読みとれる。

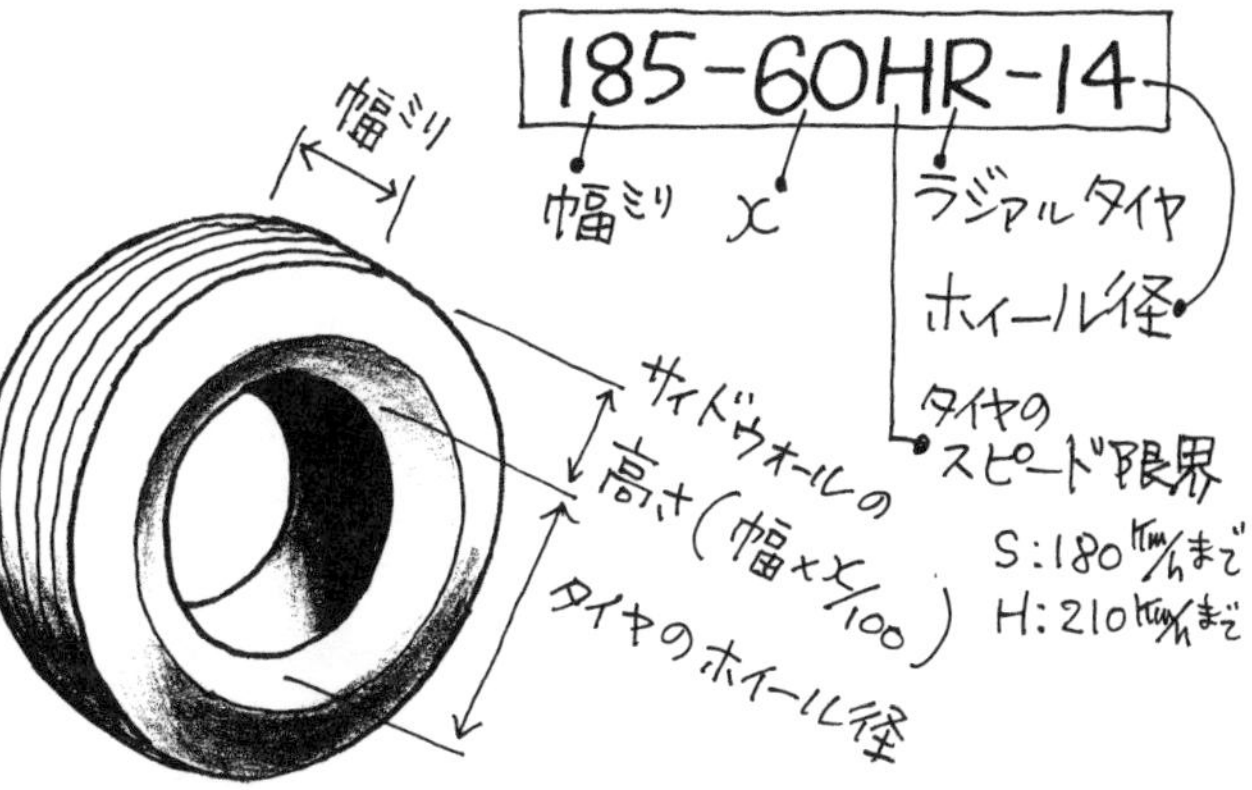

タイヤサイズの見方

「205」はタイヤの幅が205㎜であること。「60」はサイドウオールの高さが幅の60%であること（この数字を「扁平率」という）。「HR」の「H」とは速度記号で210㎞/hまでの走行に耐えること（ちなみにSは180㎞/hまで、Vが240㎞/hまで、Wが270㎞/h、Yが300㎞/h、Zは240㎞/h超）。「R」はラジアルタイヤの意。そして「14」はホイールのサイズを表している。

扁平率が60以下は扁平タイヤである。最近のクルマは50さらに40などという扁平で幅広のものが増えてきている。運動性能を高めるためだが、そのほうがカッコよく見え、よく売れるからでもある。しかし、扁平タイヤはどうしても乗り心地が悪く、幅が広くなれば、直進安定性も燃費も悪くなる。また、タイヤの幅が広いとハンドルの切れ角が大きくできないから、小回りが利きづらく、取り回しも悪くなる。

タイヤはクルマの目的に応じて選ばれるべきで、幅広タイヤだからいいというワケじゃない。経済性重視の小型車なら、燃費のいい細いタイヤを履くべきだし、乗り心地重視の高級車ならサイドウオールの高いタイヤを履くべきなのだ。

ハイブリッドカー

値段が高いのが難点だが、燃費はたしかにいい

ハイブリッドカーとは、エンジンと電気モーターを積んだ自動車である。クルマがブレーキをかけるとき発電機を回して電池を充電したり、エンジンが効率的にはたらかない低速域などをモーターで進むなどして、燃費を稼ぐことができるように作られている低燃費車だ。

1997年にトヨタが初代プリウスを出して以来、ハイブリッドカーは「環境にいいクルマ」としてもてはやされている。日本でもアメリカでも人気を集め、トヨタも一時は生産が追いつかないほどだったようだ。今や、トヨタだけでなく、日産、ホンダなど他社もハイブリッドカーを販売し、コンパクトカーからミニバン、高級車まであらゆるタイプにハイブリッドカーがある。

さて、人気のハイブリッドだが、実際のところ燃費はいいのだろうか。その燃費は普通のクルマとの値段の差に見合ったものなのだろうか。

まず燃費だが、これはたしかにいい。同じ排気量のクルマにくらべ、3割は上だ。走る場所・走り方によっては4割がたいいだろう。このため、満タンからの航続距離が1000㎞ほどになるものもある。プリウスのカタログデータではモード燃費で1ℓあたりほぼ40㎞となっているが、普通に一般のドライバーが都会で乗って約25㎞/ℓ、高速道路に入って約30㎞/ℓといったところであろう。それにしたってたいしたものである。

ではガソリン代にしてどの程度違うかといえば、年間に街なかも高速道路も合わせて1万㎞走

ご存知
プリウス
メカニズム好きにはオススメできる。

燃費だけで価格差は埋められないが…

行するドライバーの場合、プリウスと1・5ℓクラスの普通のクルマを比べたら、ガソリン代の差は年間3万〜4万円程度だろう。単純に比較はできないが、たとえばプリウスとカローラ1・5ℓ版のクルマ本体の価格差は50万円くらいだから、燃費だけで価格差を埋めることは無理だ。ハイブリッドカーには優遇税制もあるが、これは燃費のいいガソリン車にも適用されるので、両者の支出の差は縮まらない。

運転すると、普通のクルマとほとんど変わらない。少々ダイレクト感を欠く独特のフィールがあるが、動力性能は十二分、モーターとエンジンが切り替わるところでもショックはなく、きわめてスムーズだ。車種にもよるが、微速域ではエンジンが停止しモーターだけで走るので、極めて静かだ。早朝の住宅街などを走る場合でも、騒音で迷惑をかけることもない。田舎道などでは、風のそよぎ、虫の音が聞こえてきたりする。これまでのクルマになかった不思議な感覚だ。

燃費も重要だが、ハイブリッドカーには先進技術が詰まっており、乗っていてある種のプライドが持てるクルマだと思う。メカニズム好き、新しいモノ好きの人にはオススメだ。

軽自動車

ちょい乗りに使うだけにしておくことだ

排気量660ccの軽自動車は日本独特の規格で、「経済的なクルマ」ということになっている。軽自動車は地方では日常の足で、セカンドカー、サードカーとして所有されており、その数は全国で3000万台近くにもなる。しかし、本当のところ、軽自動車はいいといえるのだろうか。「経済車」であるはずの軽自動車だが、実際にはクルマ本体の値段は決してお安くない。売れ筋の背の高いタイプは100万円以上と高価で、1～1・3ℓクラスのトヨタ・ヴィッツ、日産マーチあるいはホンダ・フィットあたりより高いぐらいだ。動力性能、ハンドリング、衝突安全など、性能面で1ℓクラスに劣っているのは仕方ないとしても、肝心の燃費もダメ。パワーがないから、のべつアクセルを踏むことになるので、実用燃費は1～1・3ℓクラスより悪い。

モノとして1ℓクラスに及ぶべくもなく、燃費も悪く、しかも値段の高い軽自動車が、なぜかくも売れているのか。理由は簡単、維持費が安いからだ。

簡単のためエコカー減税などがない場合で比較すると、車検ごとに支払う重量税は1年あたりにして3300円（1ℓクラスの小型車は1万2300円）。毎年の自動車税は1万800円（同2万9500円）。自賠責保険は24カ月の加入で2万6370円（同2万7840円）。任意保険も普通自動車の6割程度だ。また車庫証明も都市部でなければ必要ない場合がある。加えて高速道路の通行料金も、普通自動車の8割程度に優遇されている。

クルマ本体の値段は高い

つまりユーザーは、軽自動車の割り高な値段を払って、安い維持費を買っているということになる。逆に言えば、ユーザーは優遇税制により、値段が高くて性能的に劣ったクルマを買わされているともいえる。もし、軽自動車の排気量枠が1ℓまで拡大されれば、誰でも迷うことなくヴィッツあたりを選び、いまの軽自動車なんぞ見向きもしなくなるだろう。

とはいえ、維持費が安いということは重要なことではある。クルマになんの思い入れもないが、ご近所の買い物や、保育園などの子供の送り迎え、通勤あるいは農作業といった日常のちょい乗りにどうしても必要な人にとって、なるほどお金のかからない軽自動車はリーズナブルだ。しかも一家に2台、3台が必要ともなれば、なおさらである。

そういう生活の道具としての使い方をするなら軽自動車も悪くはないだろう。ただ、高速道路に乗らないのであればという条件に限ってだ。最近、軽自動車も新型車には横滑り防止装置の装備が義務化されたとはいえ、小型車にくらべ、動力性能、衝突安全性能の劣る軽自動車で高速道路を走るのは、どうみてもリスクが高すぎて、オススメできない。

先進安全技術

自動的に危機的状況を回避する技術

クルマには日進月歩で、新しい安全技術が搭載されてくる。クルマを選ぶさいには、そのクルマの安全技術についても、よく知っておいたほうがいい。

ABSの、4輪のブレーキをそれぞれ独立にコンピュータ制御する技術を応用したものに、ESP（メルセデスでの呼び名）とかVSC（トヨタでの呼び名）と呼ばれる姿勢制御技術がある。「横滑り防止装置」と総称されるものだ。これは、たとえばハイスピードでカーブを曲がり、クルマの鼻先が外を向きそうになったとき、内側の車輪のブレーキを少しかけて鼻先が外に行くのを防ぐというように、4輪をそれぞれブレーキで制御し、車両の姿勢をコントロールするモノだ。

また、ハイパワーの高級車には、おおかたトラクションコントロールがつくようになっている。これは雨の日などにアクセルを踏み込んでも、駆動輪が滑って空転しないよう、駆動力を制御するシステムである。このトラクションコントロールと横滑り防止装置を組み合わせると、相当なところまでクルマの姿勢を制御でき、もはや並のドライバーの操作では、クルマをスピンさせるのもむずかしいだろう。

安全技術の本命は自動ブレーキだ。緊急時にクルマが自らの判断で、急ブレーキを自動的にかけてくれる。これはクルマの先端についたミリ波レーダーやステレオカメラが先行車などとの距離を測り、追突が避けられないとコンピュータが判断すると、自動的にブレーキをかけるという

驚くべき安全技術が次々と登場している

モノ。自動ブレーキについては当初、完全停止させるか、ドライバーがクルマまかせにならぬよう、衝突被害を軽減する程度にするかという論議があった（お役所は衝突被害軽減ブレーキと呼ぶ）。そこにスバルが他社にさきがけ「アイサイト」という、30km/h以下の速度では完全停止をめざす自動ブレーキを載せて成功をおさめると、トヨタやホンダ、日産など各社が追従し、いまでは軽自動車にも自動ブレーキが載るようになった。オプション装備としての価格も10万円程度で、もしものときに救われるなら安いものだ。

また、車種によっては、この自動ブレーキのオプションを付けると、先行車との距離をミリ波レーダーなどで測りながら、アクセル、ブレーキを操作するアダプティブクルーズコントロールや、さらには白線をカメラで認識してスティアリング操作を補助しつつ高速道路を走るレーンキープサポートシステムも付いてくる。この手のシステムは長距離ドライブでの疲れ軽減や事故防止だけでなく、渋滞発生を抑制する効果もあると言われている。今後も安全技術はさらなる進歩を続けるだろう。

最新クルマ用語解説

アダプティブヘッドライト

走行状況に合わせてヘッドライトを調節するもの。ステアリングを切るとライトがその方向を向く。最近はさらに、車速が低いときは左右方向に幅広く照らしたり、ハイビームのときに対向車や先行車をカメラセンサーが検知するとその領域だけ遮光して幻惑を防いだりといった、高度な機能が備わるものもある。

アラウンドビューモニター

クルマの前後左右に設置したカメラの映像をもとに、あたかもクルマを真上から俯瞰するような画像を合成してモニターに表示するシステム。クルマの前後左右を死角なく確認しながら駐車などを行える。アラウンドビューモニターは日産による呼称だが、他社でも同様のシステムを提供しており、ホンダはマルチビューカメラシステム、トヨタはパノラミックビューモニターと呼ぶ。

インフォテイメント

車内に情報（インフォメーション）と娯楽（エンターテイメント）を提供すること。オーディオのほか、テレビ・動画再生、携帯電話との連携、渋滞情報や天候情報の提供、ネットブラウジング、メール送受信、ソーシャルメディア、カーナビとの連携などの機能がある。これらが音声認識システムにより、声で操作できるようにもなりつつある。

緊急通報システム

交通事故やドライバーの急な体調悪化などのとき、携帯電話を介してオペレーターと通話がつながり、救援を求めることができるシステム。オペレーターはGPSの位置情報やあらかじめ登録しておいた車両情報をもとに、救急車や警察の手配を行ってくれる。運転席付近にあるボタンなどを操作して手動で起動するほかに、エアバッグの作動を検知して自動でも起動、オペレーターが音声により運転者に声をかけ、返答がないなど事故と判断される場合は通報を行う。救急車の到着までの時間を短くすることができる。

シートベルトプリテンショナー

ボディについているセンサーが衝突を検知すると、乗員が衝撃で前方へ飛び出さないよう、シートベルトを瞬間的に強く引き締める装置。引き締めたままだとベルトによって乗員が負傷する恐れがあるので、直後にロードリミッターがはたらき、引き締めを緩和しつつ、衝突のショックを吸収する。

車車間通信／車路間通信

周囲のクルマの走行状況の情報を他車から受けたり、歩行者に関する情報を道路についているセンサーから取得したりし、安全運転に役立てる技術。たとえば、見通しの悪い交差点で見えないところにいるクルマの位置情報や、右折先にいる歩行者の情報、あるいは接近してくる緊急車両の情報などを取得することを想定している。まだほとんど普及していないが、自動運転実現のために必要な技術として注目されている。

テレマティックス

通信によりクルマに各種情報を提供すること。カーナビに設定された目的地の天候や、渋滞情報表示すること、メール送受信なども含まれる。

ドライブレコーダー

フロントガラスに設置したカメラで、車外前方の映像を録画する装置。メモリーカードに記録される。録画記録がいっぱいになると、古い録画記録を消して上書きされることで、最近の映像が記録され続ける。交通事故や交通違反摘発を受けたさいに、事実の記録が残っているため、その後の処理がスムーズになる。駐車中に異常を検知すると録画するタイプもあり、その場合は車上荒らしの監視カメラとしても機能する。カー用品店などで購入・装着ができる。

パーキングアシスト・システム

縦列駐車や車庫入れのさいに、クルマがパーキングロットをカメラやソナーで認識し、自動的にアクセル／ブレーキ／スティアリングの操作を行って駐車してくれるシステム。事前にドライバーが駐車位置のそばまで寄せたり、モニター上で駐車位置の指定を行ったりするなどの操作をしなければならない。作動中でも、ドライバーがブレーキを踏むなどの介入を行うと中断する。

バックソナー

バックで走行するさい、リアバンパーにつけられた超音波センサーで障害物や歩行者などが近くにあることを警告するシステム。駐車場や狭い路地での接触事故を防ぐのに役立つ。

踏み間違い防止アシスト

駐車のときや狭い路地での微速域の操作などで、ブレーキとアクセルの踏み間違いを防ぐシステム。ソナーやレーダー、あるいはカメラによる情報から、前方や後方の障害物／歩行者までの距離を認識、ブレーキと間違えてアクセルを踏んでしまったときに警告を発しつつ、自動でブレーキをかけて急加速を防ぐ。

ブルートゥース

Bluetooth。クルマのインフォテイメントシステムと携帯電話／スマートフォンを無線接続するのに使われる通信規格。パソコンと周辺機器の接続にも使われる規格である。クルマに内蔵されるマイクとカーオーディオを介してのハンズフリー通話や、スマートフォンに入っている音楽の再生などのほか、緊急通報システムに携帯電話回線を利用するさいにも使われる。

ヘッドアップディスプレイ

フロントスクリーンなどに文字や映像などを投影することで、運転中に視線を下げずに情報を確認できるようにしたディスプレイ。車速やカーナビの進路指示などを表示するのに使われる。

歩行者傷害軽減ボディ

交通事故死者の約30％を占める歩行者へのダメージ軽減をはかる技術。バンパーやエンジンフッド、フェンダーなどの形状や材質を工夫して、歩行者の傷害を減らそうというもの。歩行者との衝突をバンパーのセンサーが感知すると、エンジンフッドを瞬時に少し持ち上げて、硬いエンジンとのあいだに隙間を作り、衝撃を和らげたり、歩行者用エアバッグを展開したりするクルマもある。

ランフラットタイヤ

パンクで空気が完全に抜けてしまっても時速80㎞／hで80㎞の走行ができるよう設計されたタイヤ。このタイヤを装着することでスペアタイヤを積む必要がなくなる。サイドウォールが強化されて硬いため、普段の乗り心地が悪かったり、高価だったりというデメリットもある。

ACC

アダプティブ・クルーズ・コントロールの意味。従来のクルーズコントロールは、高速道路で一定速度での走行を行うための装置だった。ＡＣＣは、先行車との距離をカメラやレーダーで計測し、適切な車間距離をとりつつ追従する。緊急自動ブレーキとも連動し、先行車との距離が異常に縮まった場合は急ブレーキをかける。

JAF

自動車がトラブルを起こしたときに電話で連絡するとロードサービスを行ってくれる団体。個人年会費４０００円を支払えば、サービスを受けるさいの料金は原則無料になる（部品代などの実費はかかる）。会員以外も、料金を払えばサービスを受けられる。全国どこからでも電話番号＃８１３９にかければ、救援を呼べる。ＪＡＦでなくとも、任意保険の特約で同様のサービスを受けられる場合もあるので、加入前に確認した方がよい。

※システム／装置の呼称はメーカーなどにより異なることがある。

編集協力

長谷川　裕

著者略歴————
徳大寺有恒《とくだいじ・ありつね》

1939年東京生まれ。成城大学経済学部卒。初代クラウンが登場した1955年に運転免許を取得。1964年日本グランプリでレーサーとしてデビュー。その後、トヨタワークスチームを経て、フリーの自動車ジャーナリストに。1976年草思社刊『間違いだらけのクルマ選び』で自動車評論の新境地を開拓、社会に衝撃を与える。以降『年度版間違いだらけ』を2004年まで刊行、一時休刊したのち復活した『2011年版』からは島下泰久氏との共著として刊行。2014年11月7日、急逝。これまでに自動車運転術に関する本を多数執筆、いずれも版を重ねて長年にわたり読み継がれてきた。その著作によって上達したドライバーは数多い。

徳大寺有恒のクルマ運転術
アップデート版

2016年3月16日　第1刷発行

著　者　徳大寺有恒
イラスト　穂積和夫
装幀者　Malpu Design(清水良洋)
発行者　藤田　博
発行所　株式会社 草思社
〒160-0022　東京都新宿区新宿5-3-15
電話　営業 03(4580)7676　編集 03(4580)7680
振替　00170-9-23552
本文組版　有限会社 一企画
印刷所　中央精版印刷 株式会社
製本所　株式会社 坂田製本

ISBN978-4-7942-2192-6 Printed in Japan　検印省略

造本には十分注意しておりますが、万一、乱丁、落丁、印刷不良などがございましたら、ご面倒ですが、小社営業部宛にお送りください。送料小社負担にてお取替えさせていただきます。